普通高等教育"十四五"系列教材

物联网
通信技术与应用

WULIANWANG TONGXIN JISHU YU YINGYONG

主 编 于 坤 蒋晓玲 蒋 峰
副主编 陈晓兵 章 慧

华中科技大学出版社
http://www.hustp.com
中国·武汉

图书在版编目(CIP)数据

物联网通信技术与应用/于坤,蒋晓玲,蒋峰主编.—武汉:华中科技大学出版社,2022.3
ISBN 978-7-5680-7945-7

Ⅰ.①物… Ⅱ.①于… ②蒋… ③蒋… Ⅲ.①物联网-通信技术-研究 Ⅳ.①TP393.4 ②TP18

中国版本图书馆 CIP 数据核字(2022)第 042223 号

物联网通信技术与应用
Wulianwang Tongxin Jishu yu Yingyong

于　坤　蒋晓玲　蒋　峰　主编

策划编辑:康　序

责任编辑:狄宝珠

封面设计:孢　子

责任监印:朱　玢

出版发行:华中科技大学出版社(中国·武汉)　　电话:(027)81321913

　　　　　武汉市东湖新技术开发区华工科技园　　邮编:430223

录　　排:华中科技大学惠友文印中心

印　　刷:武汉市首壹印务有限公司

开　　本:787mm×1092mm　1/16

印　　张:10

字　　数:250千字

版　　次:2022年3月第1版第1次印刷

定　　价:38.00元

前言

PREFACE

物联网是融合传感器、通信、嵌入式系统、网络等多个技术领域的新兴产业，是继计算机、互联网和移动通信之后信息产业的又一次突破性发展。物联网旨在达成设备间相互联通，实现局域网范围内的物品智能化识别和管理，其中通信技术是物联网系统中的核心和关键技术。物联网中所采用的通信技术以承载数据为主，是当今计算机领域发展最快、应用最广和最前沿的通信技术。物联网通信技术作为一项前沿技术有着非常广阔的发展前景和发展空间，无论是国家还是企业，都特别注重物联网技术的应用价值。从某种意义来说，物联网系统汇集了当今通信领域内各种先进的技术，具有非常丰富的技术内涵。

随着物联网产业的蓬勃发展，越来越多的物联网技术应用到人们的生活中，潜移默化地影响着人们的生活方式和生产方式。针对物联网行业的高速发展和普通高等院校转型发展的现状，为推动物联网、通信工程等专业应用型人才的培养，为其提供系统、实用的物联网通信技术教材，我们编撰了此书。

本书以物联网通信技术的基础知识为出发点，遵循"教中学、学中做、做中用"一体化的设计思路，在教材编写上注重实用性，弱化理论，通过案例讲解加深读者对基本理论的理解。通过本书的学习，学生可掌握物联网通信技术的基本概念、原理和关键技术，为物联网、通信工程等专业学生今后从事相关实际工作打下基础。

本书共8章，分为三部分：第一部分为第1~2章，讲述物联网的通信技术发展历程以及基础技术知识，包括移动发展史概述和移动通信技术，本部分内容是学习物联网通信技术的基础；第二部分为第3~5章，讲述目前主流的物联网移动通信基础知识和信道编码的技术以及关键技术，包括多址技术、切换技术以及信道的数据模型，本部分内容是物联网通信技术的重点；第三部分为第6~8章，讲述物联网通信技术的典型应用，包括WiFi的应用技术和实例教程，以及ZigBee通信技术，本部分内容是对应用物联网通信技术解决实际问题的案例介绍。

本书由于坤、蒋晓玲、蒋峰任主编，陈晓兵、章慧任副主编，富越旻、刘辉参与编写。其中第1章由于坤编写，第2章由陈晓兵编写，第3章由蒋晓玲编写，第4章由蒋峰编写，第5章由于坤编写，第6章由蒋晓玲编写，第7章由于坤和刘辉编写，第8章由章慧编写。全书由于坤统稿。在本书的编写过程中得到了章慧老师的支持和帮助，在此表示感谢！由于编者水平有限，书中难免存在不足之处，敬请广大读者批评指正。

编者

目录

CONTENTS

第1章

通信发展史概述

知识点

- 通信的定义
- 古代通信
- 近现代通信

1.1 初识通信

◆ **1.1.1 通信的定义**

通信,指人与人或人与自然之间通过某种行为或媒介进行的信息交流与传递,从广义上指需要信息的双方或多方在不违背各自意愿的情况下无论采用何种方法,使用何种媒介,将信息从某一方准确安全传送到另一方。

通信在不同的环境下有不同的解释,在出现电波传递通信后,通信(communication)被单一解释为信息的传递,是指由一地向另一地进行信息的传输与交换,其目的是传输消息。然而,通信是在人类实践过程中随着社会生产力的发展对传递消息的要求不断提升使得人类文明不断进步。在各种各样的通信方式中,利用"电"来传递消息的通信方法称为电信(telecommunication),这种通信具有迅速、准确、可靠等特点,且几乎不受时间、地点、空间、距离的限制,因而得到了飞速发展和广泛应用;在现今因电波的快捷性使得从远古人类物质交换过程中就结合文化交流与实体经济不断积累进步的实物性通信(邮政通信)被人类理解为制约经济发展的阻碍。

在古代,人们通过驿站、飞鸽传书、烽火报警、符号、身体语言、眼神、触碰等方式进行信息传递。到了今天,随着科学水平的飞速发展,相继出现了无线电、固定电话、移动电话、互联网甚至视频电话等各种通信方式。通信技术拉近了人与人之间的距离,提高了经济的效率,深刻地改变了人类的生活方式和社会面。

◆ **1.1.2 通信的分类**

1. 按传输媒介分类

有线通信:是指传输媒介为导线、电缆、光缆、波导、纳米材料等形式的通信,其特点是媒介能看得见、摸得着(明线通信、电缆通信、光缆通信、光纤光缆通信)。

无线通信:是指传输媒介看不见、摸不着(如电磁波)的一种通信形式(微波通信、短波通信、移动通信、卫星通信、散射通信)。

2. 按信道中传输的信号分类

模拟信号:是指信息参数在给定范围内表现为连续的信号,或者在一段连续的时间间隔内,其代表信息的特征量可以在任意瞬间呈现为任意数值的信号。模拟信号有时也称连续信号,这个连续是指信号的某一参量可以连续变化。如收音机、大哥大都是使用的模拟信号。

数字信号:凡信号的某一参量只能取有限个数值,并且常常不直接与消息相对应的信号,也称离散信号。如计算机、数字电视、第二代移动通信等使用的都是数字信号。

3. 按工作频段分类

我们知道,频率与波长的关系为:v(波速 m/s)$= f$(频率 Hz)λ(波长 m),其中:v 表示波速,单位:m/s;f 表示频率,单位:Hz;λ 表示波长,单位:m。

长波通信(long-wave communication):利用波长大于 1000 m(频率低于 300 kHz)的电

磁波进行的无线电通信,亦称低频通信。它可细分为在长波、甚长波、超长波和极长波。

短波通信(short-wave communication):无线电通信的一种。波长在 50～100 m 之间,频率范围 6～30 MHz。发射电波要经电离层的反射才能到达接收设备,通信距离较远,是远程通信的主要手段。由于电离层的高度和密度容易受昼夜、季节、气候等因素的影响,所以短波通信的稳定性较差,噪声较大。目前,它广泛应用于电报、电话、低速传真通信和广播等方面。尽管当前新型无线电通信系统不断涌现,短波这一古老和传统的通信方式仍然受到全世界普遍重视,不仅没有被淘汰,还在快速发展。

微波通信(micro-wave communication):使用波长为 1～0.1 m(频率为 0.3～3 GHz)的电磁波进行的通信。微波通信不需要固体介质,当两点间直线距离内无障碍时就可以使用微波传送。利用微波进行通信具有容量大、质量好等优势,并可传至很远的距离,因此是国家通信网的一种重要通信手段,也普遍适用于各种专用通信网。

4. 按调制方式分类

基带传输:是指信号没有经过调制而直接送到信道中去传输的通信方式。

频带传输:是指信号经过调制后再送到信道中传输,接收端有相应解调措施的通信方式。

5. 按通信双方的分工及数据传输方向分类

对于点对点之间的通信,按消息传送的方向,通信方式可分为单工通信、半双工通信及全双工通信三种。单工通信:是指消息只能单方向进行传输的一种通信工作方式。单工通信的例子很多,如广播、遥控、无线寻呼等。这里信号(消息)只从广播发射台、遥控器(见图1-1)和无线寻呼中心分别传到收音机、遥控对象和 BP 机上。

半双工通信:是指通信双方都能收发消息,但不能同时进行收和发的工作方式。对讲机(见图 1-2)、收发报机等都是采用这种通信方式。

全双工通信:是指通信双方可同时进行双向传输消息的工作方式。在这种方式下,双方都可同时进行收发消息。很明显,全双工通信的信道必须是双向信道。生活中全双工通信的例子非常多,如普通电话机(见图 1-3)、手机等。

图 1-1 遥控器

图 1-2 对讲机

图 1-3 电话机

1.2 古代通信

现代社会的通信方式多种多样,在古代,古人也需要交流,也要通信,那么古人是如何实现通信的呢？

◆ 1.2.1 古代官方通信——快马＋驿站

通信是信源给信宿传递信息量的过程，当信源和信宿距离较近的时候，在人类的话音可以传播到的范围，人们可以通过语言来交流。但是当距离增大到人类的声音无法传播到的时候怎么办呢？在古代封建王朝的统治疆域辽阔，中央怎么实现与地方之间传递政令，与边疆军队互通军事信息呢？普通的平民百姓又是怎么和远方的亲戚朋友通信交流的呢？

聪明的古人发明了驿站来解决这个问题。驿站在古代是为传递官府文书和军事情报的人员提供食宿和换马的场所，驿站里备好脚力好的马匹，隔一段距离设置一个驿站。朝廷的通信官员骑着快马，五百里加急！呼啸而至，驿站的工作人员赶紧把提前备好的马匹换上，上马飞驰，目标下一个驿站。

我国是世界上最早使用驿站实现通信、传递消息的国家，大约在 3000 年前的周朝中国就已经建立了完备的邮驿系统。据马可波罗的记载，在元朝共有大型驿站上万处，驿马 30 万匹，尽管这里的数字可能不够准确，但是当时驿站发达程度可以管中窥豹，略见一斑了。至今在江苏高邮和河北怀来还保存着完整的古代驿站遗址（见图 1-4），古代帝王就是靠着邮驿系统来发布政令和收集各地的信息反馈，从而实现自己的统治的。

由于驿站本身不只是传递官方的政令和军队的战事信息，有时还可以承担一定的经济作用，所以从某种意义上讲，它还类似于今天的物流中心。唐朝时，李隆基为了爱妃杨玉环能吃到新鲜的荔枝，专门从今天的四川到西安铺设一路邮驿，正所谓"一骑红尘妃子笑，无人知是荔枝来"说的就是此事。

和现代通信系统中有鉴权认证系统一样，驿站的使用是需要凭证的，特别是官方的使用，对这种凭证有着严格的管理。官府使用的凭证叫勘合，军方使用的叫伙牌，而紧急公文上标几百里加急是传送文书重要程度的体现，这点类似于现代通信邮政系统中的优先级，如果七十里是普通挂号信的话，那八百里加急就是今天的特快专递。

驿站＋快马就构成了中国最古老的有线通信，为何说是有线通信呢？因为驿站的通信是送信人骑着快马，沿着驿道奔驰，尽管马匹不停地换，但是驿道是不变的。这就和现代通信中的电话有些类似，电话的信号是电信号沿着电话网在跑，最终到达通信的另一个电话端；而古代的送信人也是沿着一条条的驿道组成的驿道网来实现通信的，最终把信送到目的地。

驿站文明不但巩固了古代封建帝王的统治，同时也带动了驿站周围经济文化的发展。

◆ 1.2.2 古代军事通信——烽火台的狼烟

古代的有线通信是随着驿站的出现而出现的，据考证至少在周朝就已经有了成熟的邮驿系统。几乎与邮驿系统同时出现的还有烽火台（见图 1-5），早在商朝就有了烽火台——这个中国历史上最早的军事通信网。

烽火台在古代主要用于军事用途，当时约定，若有敌军进犯，皇帝就命人把烽火台的狼烟或者柴草点着，狼烟的升起意味着有敌人进犯，而诸侯必须按时救援。烽火台白天用狼烟发信号，晚上用点燃的柴草发信号，晚上柴草的火光容易被人发现，白天用狼烟的原因是由于狼粪点燃后的烟很浓而且会升得很高而不散。狼烟就是信号，它包含的信息就是敌人来

图 1-4　古代驿站遗址(现已经成为旅游景点)

犯。信源是烽火台,信宿是诸侯们,信道是空气,故称之为人类历史上最古老的应急通信。

　　人们之所以对烽火台这么熟悉,一个古代的历史事件功不可没,它就是传说中的烽火戏诸侯。周幽王有个爱妃叫褒姒,貌若天仙,是个难得一见的美女,但是此美女有个特点——从来不笑。周幽王很郁闷,美人越是不笑,周幽王越好奇,难道天下还有我皇帝做不到的事情?为博得美人一笑,周幽王毅然决然地点燃了烽火台的狼烟,诸侯们看见狼烟以为皇帝出事了,有敌人进犯了,赶紧往京城赶。到了一看,皇帝拥着笑吟吟的褒姒,诸侯很生气。后来真来了敌人,诸侯看见烽火台的狼烟也不去京城救驾了。这种使用烽火台来传递军事情报的方式得到了很好的沿用。到了汉朝的时候,烽火台的使用已经十分完备。从甘肃到新疆都有烽火台的设置,烽火台上有兵丁把守,朝廷专门设置了管理烽火台的各级官吏,甚至可以用烽火的道数来表示来犯敌人的数目。

　　但是这种通信方式也有自己的不足之处,例如无法精确地描述来犯敌人的方位、人数、兵种、进犯的目标等。同时烽火台的通信方式是单工的,只能将敌人进犯的消息传递出去,而无法把作战命令等传递到战场。

图 1-5　烽火台

◆ 1.2.3 古代民间通信——民信局

中国古代官方通信用的是驿站,那么古代民间怎么通信呢?非常遗憾,当时的平民百姓没有邮政快递,更没有电话手机,当时的民间通信主要靠托人捎信的方式。有钱人可以雇人去送信,穷苦百姓雇不起人,只有自己亲自去送信。

最早的民间通信组织大约出现在唐朝,传说当时在四川住着一批湖北移民,他们很思念自己的故乡,于是每年推选出代表,带上信件、特产等回乡探望。时间长了,就成了一种通信组织,到清朝的时候,这种通信组织被称为民信局。

1.3 近现代通信

中国古代通信这么先进,但是到了近现代,通信工具依然没更新换代,还是快马驿站和烽火台。而西方爆发了工业革命,各国的科技创新也是如火如荼。尽管后来的洋务运动引入了一些先进的通信,但是毕竟滞后了很多年。

◆ 1.3.1 电报

19 世纪 30 年代,由于铁路迅速发展,迫切需要一种不受天气影响、没有时间限制又比火车跑得快的通信工具。此时,发明电报的基本技术条件(电池、铜线、电磁感应器)也已具备。1837 年,英国库克和惠斯通设计制造了第一个有线电报,且不断加以改进,发报速度不断提高。这种电报很快在铁路通信中获得了应用。该电报系统的特点是电文直接指向字母。

与此同时,美国人莫尔斯也对电报着了迷。他是一位画家,凭借了自己丰富的想象力,不屈不挠的奋斗精神,实现了许多人梦寐以求的目标。在 41 岁那年,他从法国学画后返回美国的轮船上,医生杰克逊将他带进了电磁学这个神奇的世界里。在船上,杰克逊向他展示了"电磁铁",一通电能吸起铁的器件,一断电铁器就掉下来。还说"不管电线有多长,电流都可以神速通过"。这个小玩意儿使莫尔斯产生了遐想:既然电流可以瞬息通过导线,那能不能用电流来传递信息呢?为此,他在自己的画本上写下了"电报"字样,立志要完成用电来传递信息的发明。

回美国后,他全身心地投入到研制电报的工作中去。他拜著名的电磁学家亨利为师,从头开始学习电磁学知识。他买来了各种各样的实验仪器和电工工具,把画室改为实验室,夜以继日地埋头苦干。他设计了一个又一个方案,绘制了一幅又一幅草图,进行了一次又一次试验,但得到的是一次又一次的失败。在深深的失望之中好几次他想重操旧业。然而,每当他拿起画笔看到画本上自己写的"电报"字样时,又被当初立下的誓言所激励,从失望中抬起头来。他冷静地分析了失败的原因,认真检查了设计思路,发现必须寻找新的方法来发送信号。1836 年,莫尔斯终于找到了新方法。他在笔记本上记下了新的设计方案:"电流只要停止片刻,就会现出火花。有火花出现可以看成是一种符号,没有火花出现是另一种符号,没有火花的时间长度又是一种符号。这三种符号组合起来可代表字母和数字,就可以通过导线来传递文字了。"我们现在看起来是多么简单的事啊!但莫尔斯是世界上第一个想到用点、划和空白的组合来表示字母是多么不容易!这种用编码来传递信息的构想是非常伟大的,也非常的奇特。这样,只要发出两种电符号就可以传递信息,大大简化了设计和装置。莫尔斯的奇特构想,即著名的"莫尔斯电码",是电信史上最早的编码,是电报发明史上的重大突破。

莫尔斯在取得突破以后,马上就投入到紧张的工作中去,把设想变为实用的装置,并且不断地加以改进。

1844 年 5 月 24 日,是世界电信史上光辉的一页。莫尔斯在美国国会大厅里,亲自按动电报机按键。随着一连串嘀嘀嗒嗒声响起,电文通过电线很快传到了数十千米外的巴尔的摩。他的助手准确无误地把电文译了出来。莫尔斯电报的成功轰动了美国、英国和世界其他各国,他发明的电报很快风靡全球。

19 世纪后半叶,莫尔斯电报已经获得了广泛的应用,如图 1-6 所示。

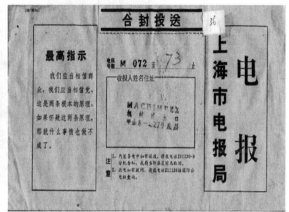

图 1-6　电报机和电报

1.3.2　电话

当提到电话的发明者,大多数人都会说出一个耳熟能详的名字:亚历山大·格拉汉姆·贝尔。是的,在初三的历史课本中清楚地写着,美国人贝尔发明了电话(见图 1-7),改变了人类的通信方式。但可惜的是,美国国会 2002 年 6 月 15 日 269 号决议裁定电话的发明人为安东尼奥·穆齐(另译为安东尼奥·梅乌奇)。来回顾一下这段纠结的极富争议的电话发明史吧。

1. 电话到底是谁发明的

1845 年,意大利人穆齐移民美国,此前他是一位电生理学家,一个偶然的机会他发现电波可以传播声音,经过反复试验,他做出了电话的雏形,并于 1860 年首次在纽约的意大利语报纸上发表了关于这项发明的介绍。然而,他却没有申请专利,这是为什么呢? 因为一个字:钱! 当时在美国申请专利需要 250 美元的申请费用,而穆齐当时根本拿不出这笔钱。

在 1870 年穆齐以 6 美元的价格把自己费尽心思制作的电话设备卖了,别惊讶,就是 6 美元。这又是为什么呢? 还是因为一个字:钱! 为了生存,他贱卖了自己的发明。穆齐知道自己的发明绝对会影响后世,他想通过拿到"保护发明特许权请求书"的方式保护自己的发明,然而每年要缴纳的 10 美金再次让他不堪重负。1873 年,穆齐的生活拮据到了靠领取社会救济金度日,付不起请求书费用的他只好想其他办法。

1874 年,穆齐试图将发明卖给美国西联电报公司,而电话设备被西联公司弄丢,屋漏偏逢连夜雨,倒霉的穆齐在贝尔与西联公司签约后试图与之打官司,在人生的最后关头,尽管最高法院同意受理此案,但是可怜的穆齐却撒手人寰。但是与贝尔打官司争夺电话发明权的不仅有穆齐,还有一个叫作伊莱沙·格雷的人。此人运气也不是很好,他比贝尔申请专利的时间晚了两个小时。

图 1-7　贝尔发明的电话

2. 电话的基本原理

两个电话要进行通话,最简单的办法就是用一根电线把两个电话连起来,小时候玩的两个人拿两个话筒,中间用电线连起来,抻紧了,就能实现通话了。

现代电话的原理和这个简易电话的原理类似:

(1)人对着话筒讲话,口中呼出的声波引起话筒中电流电压的变化。

(2)电流电平的高低说明说话声音的强弱。

(3)变化的电流通过电缆传给对方的听筒。

(4)听筒将变化的电流转换成声波,声音入耳。

1.3.3　移动电话

1. 移动通信简介

在固话通信风靡的 20 世纪 70 年代前期,移动通信这个新事物的出现有着众多的深层次的原因。移动通信的出现和发展有着内因和外因两个因素,内因是技术的变革,因为技术总是发展变化着的,但是外因的促进作用也是必不可少的,这里的外因就是用户对于通信的需求。

在市场经济中,需求日益成为引导经济发展和产品进步的主因,随着固定电话普及,人们对于摆脱电话线的要求越来越强烈,随时随地地通话而不拘泥于电话线束缚的愿望,刺激着技术发展,于是移动通信技术应运而生。相对于固定电话通信,移动通信技术有两个基本

的特点:

(1)移动通信首先是无线的。无线通信的含义是,通信的信道是广阔的空间中的电磁波,无线信道的随机性和时变特性给移动通信技术带来巨大挑战。

(2)移动通信还是移动的。移动通信不但无线而且用户还可以移动,这就要求移动电话网络能够对用户实现动态寻址。

移动通信这两个特性贯穿于移动通信发展的始终,这种用信道质量的不稳定性来换取用户的移动性的特点,尽管失去了固定电话有线信道的稳定性和可靠性,通话质量和容量都会下降,但是换来的是用户的自由移动。

2. 移动通信的家谱

从 20 世纪 70 年代末商用的第一代移动通信(1G)开始,移动通信走过了 40 年的历史。下面就来看看移动通信的家谱。

第一代移动通信技术(1G),采用的是模拟蜂窝网技术,主要实现措施包括频分多址和频率规划的载波复用技术等。代表性的商用系统有北美的 AMPS、北欧的 NMT、英国的 TACS 和日本的 HCMTS 系统。1G 时代的手机大哥大如图 1-8 所示。

第二代移动通信技术(2G),采用数字通信技术,20 世纪 90 年代初期投入商用,采用时分多址和码分多址两种方式。商用系统包括欧洲的 GSM 和北美的 IS-95,引入包括均衡、交织、RAKE 接收和功率控制等新技术。2G 时代的 GSM 手机如图 1-9 所示。

图 1-8　1G 时代的手机大哥大　　　　　　图 1-9　2G 时代的 GSM 手机

第三代移动通信技术(3G),采用的是码分多址技术,以视频电话为典型业务的多媒体数据业务为主要特征,在 21 世纪初期实现商用,引入了多用户检测、智能天线和 Turbo 编码等新技术。主要商用系统包括欧洲(包括日本)的 WCDMA、北美的 CDMA2000 和中国的 TD-SCDMA 等。3G 时代的手机如图 1-10 所示。

第四代移动通信技术(4G),采用的是 OFDM(正交频分复用)与 MIMO(多输入多输出)为核心的、广泛采用自适应调制编码(AMC)和混合自动重传(HARQ)等技术。目前主要的 4G 标准化草案有 3GPP 的 LTE-Advanced 和 IEEE 提出的移动 WiMax 802. 16 m。

3. 移动通信的未来

未来的移动通信技术发展更加地注重人性化,将要构建一个 5W(whoever、whenever、wherever、whomever、whatever)特点的系统,即任何人在任何时间、任何地点与任何人都可以实现他想要的通信。目前的移动通信技术日趋高速化、智能化、宽带化,更好地支持移动

图 1-10　3G 时代的手机

性,同时移动通信宽带化和宽带通信移动化成为人们公认的追求目标。

与过去的移动通信网络架构的复杂性不同,未来移动通信的网络架构将更加多层次、扁平化和动态化。从 3.9G 的 UMTS(universal mobile telecommunications system,通用移动通信系统)的长期演进技术 LTE 开始,网络架构的扁平化已经开始付诸实践,同时具备动态特性的分布式网络架构在未来很可能得到更广泛的应用。

伴随着宏蜂窝、微蜂窝、微微蜂窝和家庭基站的应用,多层次的网络架构已经凸显出来,同时 2G、2.5G、3G 乃至 4G 的共存,要求未来的移动通信技术在不同的网络中切换更加的快速无缝。

未来移动通信中,可能大量部署的中继站和家庭基站势必会对网络架构造成移动冲击,分布式的网络架构可能会更加得到人们的青睐。

同时,大量节点的加入对网络的自组织能力提出了更高的要求,相应的 SON(自组织网络)技术的自配置、自优化和自愈合技术提出了很好的解决构想。最近炒得很火的物联网技术在未来的移动通信技术中,也将得到较好的发展,生活中的每个设施都将拥有 IP 地址,将生活中的每个物品都与互联网相连,可以用手机终端实时地进行跟踪、定位、监控和管理等。比如在下班的时候,用手机发个短信让空调启动,等下班到家就可以更加方便,如此种种。

第2章

移动通信技术

知识点
- 第三代移动通信系统
- 第四代移动通信系统
- 中国移动通信产业发展

2.1 第一代移动通信系统

自从电话发明之后,这一通信工具使人类充分享受到了现代信息社会的方便,但这仅仅是一个开始,而且普及范围也并不广,随着无线电报和无线广播的发明,人们更希望能有一种能够随身携带,不用电话线路的电话。

肩负着人类的希望,通信领域的科学家进行了不懈的努力,由于两次世界大战的需要,早期的移动通信的雏形已开发了出来,如步话机、对讲机等,其中,步话机在1941年美陆军就开始装备了,当时的使用频段是短波波段,设备是电子管的。紧接着20世纪60年代晶体管的出现,专用无线电话系统大量出现,在公安、消防、出租汽车等行业中应用。但这些仅能在少数特殊人群中使用且携带不便,能不能有更小更方便适合大众使用的个人移动电话呢?

随着对电磁波研究的深入、大规模集成电路的问世,摆在科学家面前的障碍已被一一扫清,移动电话首先被制造出来,它主要由送受话器、控制组件、天线以及电源四部分组成。在送受话器上,除了装有话筒和耳机外,还有数字、字母显示器,控制键和拨号键等。控制组件具有调制、解调等许多重要功能。由于手持式移动电话机是在流动中使用,所需电力全靠自备的电池来供给,当时是使用镍镉电池,可反复充电。

移动电话制造出来了,如何规划网络呢?科学家首先想到蜂巢的结构,在建筑学上,蜂巢是经济高效的结构方式,移动网络可以采取同样的方式,然后在相邻的小区使用不同的频率,在相距较远的小区就采用相同的频率。这样既有效地避免了频率冲突,又可让同一频率多次使用,节省了频率资源。这一理论巧妙地解决了有限高频频率与众多高密度用户需求量的矛盾和跨越服务覆盖区信道自动转换的问题。

20世纪70年代初,贝尔实验室提出蜂窝系统的覆盖小区的概念和相关的理论后,立即得到迅速的发展,很快进入了实用阶段。在蜂窝式的网络中,每一个地理范围(通常是一座大中城市及其郊区)都有多个基站,并受一个移动电话交换机的控制。在这个区域内任何地点的移动台车载、便携电话都可经由无线信道和交换机连通公用电话网,真正做到随时随地都可以同世界上任何地方进行通信,同时,在两个或多个移动交换局之间,只要制式相同,还可以进行自动和半自动转接,从而扩大移动台的活动范围。因此,从理论上讲,蜂窝移动电话系统可容纳无限多的用户。第一代蜂窝移动电话系统是模拟蜂窝移动电话系统,主要特征是用模拟方式传输模拟信号,美国、英国和日本都开发了各自的系统。

在1975年,美国联邦通信委员会(FCC)开放了移动电话市场,确定了陆地移动电话通信和大容量蜂窝移动电话的频谱,为移动电话投入商用做好了准备,1979年,日本开放了世界上第一个蜂窝移动电话网。其实世界上第一个移动电话通信系统是1978年在美国芝加哥开通的,但蜂窝式移动电话后来居上,在1979年,AMPS制模拟蜂窝式移动电话系统在美国芝加哥试验后,终于在1983年12月在美国投入商用。

◆ 2.1.1 AMPS

1964年,当美国国会从AT&T公司拿走了卫星通信商业使用权后,贝尔实验室组建了移动通信部门。早期的无线网络只关注话音通信。最初,在1964—1974年期间,贝尔实验室开发了一种叫作大容量移动式电话系统(high-capacity mobile telephone system,

HCMTS)的模拟系统。HCMTS 对信令和话音信道均采用 30kHz 带宽的 FM 调制,信令速率为 10kbps。当时,由于并没有无线移动系统的标准化组织,AT&T 公司就给 HCMTS1 这样一个第一代蜂窝系统制定了自己的标准。后来,美国电子工业协会(electronic industrial association,EIA)将这个系统命名为暂定标准 3(interim standard 3,IS-3)。EIA 与电信产业协会(telecommunication industrial association,TIA)合并制定的标准又称为 TIA-EIA 标准,对这个系统的命名也规划到了合并标准中。

从 1976 年开始,对这个系统使用了新的名称——AMPS(advanced mobile phone system,高级移动通信系统),而且在 1984 年开始部署这个系统。1975 年,贝尔实验室与 OKI 公司签订协议,授权它制造最初的 200 台移动电话(汽车电话),这是由于根据 FCC 的裁决不允许 AT&T 公司制造汽车电话而采取的一项措施。接下来的一年,贝尔实验室授权 OKI 公司、E. F. Johnson 公司和摩托罗拉公司制造了总计 1800 台的汽车电话——每家制造 600 台汽车电话(见图 2-1)。由这三家公司制造的所有电话必须通过实验,但第一次没有一个通过。1977 年,在芝加哥实验中,使用了世界上最初的 2000 台汽车电话。

实验之后,对系统技术规范书进行了定稿。美国蜂窝系统一直没能商业化,直到 FCC 将分配的 20 MHz 蜂窝频谱划分成两部分:确定给电话公司(有线)的 10 MHz 叫作频带 B,而确定给寻呼/调度公司(非有线)的另外 10 MHz 叫作频带 A,频带 B 系统在 1984 年开始部署。

因此,1979 年,日本的 NTT 公司(日本电话电报公司)在东京部署它的 AMPS 版本,这就成了世界上第一个商用系统。NTT 系统在基站上没有采用分集方案,使用的信令是速率为 300 音频/秒的多音信令,其服务成本很高,话音质量也不能令人满意。但 AMPS 在美国部署之后,话音质量却显著改善,而且其服务成本远比 NTT 系统低。后来,英国对 AMPS 系统进行了一些修正,即将信道带宽改为 25kHz,并将其称为全接入通信系统(total access communication system,TACS)。除

图 2-1　汽车电话

此以外,北欧移动电话(nordic mobile telephone,NMT)主要部署在北欧四国,而德国的 C450 系统和英国的无绳电话 2(cordless phone 2,CT2)也被投放市场,但它们不是蜂窝系统。由于 20 世纪 80 年代的技术还不能生产手持机,因此模拟 AMPS 系统的设计和使用都是基于汽车电话,由汽车电瓶提供能源。每个小区的覆盖半径是 8 英里左右。

2.1.2　TACS

AMPS 是美国方面的系统,在美国大力发展 AMPS 系统的时候,欧洲人也在发展自己的移动通信网,其中最为出名的是英国的 TACS 系统。

TACS(total access communication system,全接入通信系统)系统也是一种模拟移动通信系统,提供了全双工、自动拨号等功能,与 AMPS 系统类似,它在地域上将覆盖范围划分成小单元,每个单元复用频带的一部分以提高频带的利用率,即利用在干扰受限的环境下,依赖于适当的频率复用规划(特定地区的传播特性)和频分复用(FDMA)来提高容量,实现真正意义上的蜂窝移动通信。

TACS 系统实际上是 AMPS 系统的修改版本,主要是频段、频道间隔、频偏、信令速率不同,其他完全一致。我国邮电部于 1987 年确定以 TACS 制式作为我国模拟制式蜂窝移动电话的标准,在此之前,少数地方曾从加拿大、瑞典引入不同的体制,后来都必须执行 TACS 标准,以便互相组网。

◆ 2.1.3　NMT

NMT(nordic mobile telephone,北欧移动电话)是被瑞典、挪威和丹麦的电信管理部门在 20 世纪 80 年代初确立的普通模拟移动电话北欧标准。NMT 系统也在欧洲其他的一些国家安装了,还包括俄罗斯的部分地区,中东和亚洲。NMT 运转在 450 MHz 和 900 MHz 的带宽上。

◆ 2.1.4　大哥大的由来

移动电话刚刚进入中国的时候,有一个奇怪的名称,叫"大哥大"。大哥大的出现,意味着中国步入了移动通信时代。1987 年,广东为了与港澳实现移动通信接轨,率先建设了 900 MHz 模拟移动电话。摩托罗拉也在北京设立了办事处,推销移动电话。这种重量级的移动电话,厚实笨重,状如黑色砖头,重量都在一斤以上。它除了打电话没别的功能,而且通话质量不够清晰稳定。它的一块大电池充电后,只能维持 30 分钟通话时间。虽然如此,大哥大还是非常紧俏,有钱难求。

当年,大哥大公开价格在 20000 元左右,但一般要花 25000 元才可能买到。这不仅让一般人望而却步,就是中小企业买得起的也不多。中国第一个拥有手机的用户叫徐峰。他回忆道:"1987 年 11 月 21 日是我终生难忘的日子。这一天,我成为中国第一个手机用户。虽然购买模拟手机花费了 2 万元,入网费 6000 元,但是手机解决了我进行贸易洽谈的急需,帮助我成为市场经济第一批受益者。"

让摩托罗拉公司也没有料到的是,大哥大很快就得到了当时一部分先富起来的人的青睐。由于大哥大身躯庞大,使用它的人也多是商界人物,物随主贵,很快成为身份显赫的象征。那年头,人们对私家车没什么概念,也很少心生羡慕。那时你开一辆宝马车出门,别人也以为是公家车,远远不如大哥大那么耀眼。很快人们以拥有大哥大为荣,开始了一种炫耀攀比式的消费。

性格外向的人,会整天手拿大哥大,吃饭喝茶谈判,往桌上一放,就像押上了一个富贵的筹码和权杖,立刻会获得多一份尊重,生意谈判也因此变得轻松。性格收敛的人,会将大哥大放在擦得铮亮的老板包中,老板包夹在腋下,适当之时拿出来,拉出长长的天线,花上一元一分钟的话费,在人群里喊上一句:"喂!喂!听不清,你再说一遍。"便引来无数惊羡的目光。那个年代的人们很淳朴,从不隐藏自己对别人的仰慕之情。很多人因为有了大哥大,迅速打开了自己的社交圈。一时间,梳大背头、抹发胶、手持大哥大,成了不少人理想中的富人形象。

当年人们丝毫也不会料想到,在 20 多年以后的今天,几乎人人都会有一个小巧玲珑的手机。虽然粗笨的大哥大和它的长天线已定格在了历史的长卷中,但那些妙趣横生的场景,仍值得人们反复品味。因为横空出世的大哥大,曾经把中国人的生活引向一个新境界。

2.2 第二代移动通信系统

第一代移动通信系统采用模拟技术,有多种制式,我国主要采用的是 TACS。第二代移动通信系统主要有欧洲的 GSM、北美的 TDMA IS136 和 CDMA 技术等,目前我国广泛应用的是 GSM 系统。第二代移动通信替代第一代移动通信系统完成了模拟技术向数字技术的转变,其主要特性是为移动用户提供数字化的语音业务以及低速数据业务。

◆ 2.2.1 GSM

GSM 数字移动通信系统是由欧洲主要电信运营者和制造厂家组成的标准化委员会设计出来的,它是在蜂窝系统的基础上发展而成。

GSM 数字移动通信系统史源于欧洲。早在 1982 年,欧洲已有几大模拟蜂窝移动系统在运营,例如北欧多国的 NMT(北欧移动电话)和英国的 TACS(全接入通信系统),西欧其他各国也提供移动业务。当时这些系统是各个国家的国内系统,不可能在他国使用。为了方便全欧洲统一使用移动电话,需要一种公共的系统,1982 年北欧国家向 CEPT(欧洲邮电行政会议)提交了一份建议书,要求制定 900 MHz 频段的公共欧洲电信业务规范。在这次大会上就成立了一个在欧洲电信标准学会(ETSI)技术委员会下的移动特别小组(group special mobile),简称“GSM”,来制定有关的标准和建议书。

1991 年在欧洲开通了第一个系统,同时 MOU 组织为该系统设计和注册了市场商标,将 GSM 更名为“全球移动通信系统”(global system for mobile communications)。从此移动通信的发展跨入了第二代数字移动通信系统。同年,移动特别小组还完成了制定 1800 MHz 频段的公共欧洲电信业务的规范,名为 DCS1800 系统。该系统与 GSM900 具有同样的基本功能特性,因而该规范只占 GSM 建议的很小一部分,仅将 GSM900 和 DCS1800 之间的差别加以描述,绝大部分两者是通用的,GSM900 和 DCS1800 两个系统均可通称为 GSM 系统。

1. 无线电接口

GSM 是一个蜂窝网络,也就是说移动电话要连接到它能搜索到的最近的蜂窝单元区域。GSM 网络运行在多个不同的无线电频率上。

GSM 网络一共有 4 种不同的蜂窝单元尺寸:巨蜂窝、微蜂窝、微微蜂窝和伞蜂窝。覆盖面积因不同的环境而不同。巨蜂窝可以被看作那种基站天线安装在天线杆或者建筑物顶上的那种。微蜂窝则是那些天线高度低于平均建筑高度的那些,一般用于市区内。微微蜂窝则是那种很小的蜂窝,只覆盖几十米的范围,主要用于室内。伞蜂窝则是用于覆盖更小的蜂窝网的盲区,填补蜂窝之间的信号空白区域。

蜂窝半径范围根据天线高度、增益和传播条件可以从百米至数十千米。实际使用的长距离 GSM 规范支持到 35 千米。还有个扩展蜂窝的概念,蜂窝半径可以增加一倍甚至更多。

GSM 同样支持室内覆盖,通过功率分配器可以把室外天线的功率分配到室内天线分布系统上。这是一种典型的配置方案,用于满足室内高密度通话要求,在购物中心和机场十分常见。然而这并不是必需的,因为室内覆盖也可以通过无线信号穿越建筑物来实现,只是这样可以提高信号质量减少干扰和回声。

2. 频率分布

GSM900：上行(MHz)890～915，下行(MHz)935～960；

GSM900E：上行(MHz)880～915，下行(MHz)925～960；

GSM1800：上行(MHz)1710～1785，下行(MHz)1805～1880；

GSM1900：上行(MHz)1850～1910，下行(MHz)1930～1990。

3. 市场状况

在 1998 到 2000 年之间造成 GSM 用户增长的主要原因是移动运营商推出预付费电话服务。它允许那些不能或者不想跟运营商签署合同的人拥有移动电话。这种服务在欧洲的移动运营商之间竞争也比较激烈，即使没有长期的签证，人们也可以从运营商那里以很低廉的价格买到一款手机。

到 2010 年全球有超过 20 亿人使用 GSM 电话，GSM 电话占到全球移动电话市场份额的 80％。GSM 的主要竞争对于 CDMA2000(主要在美国和加拿大使用)尽管有好的前景，但是由于其产业链不够完善，导致其发展不如 GSM。

4. GSM 安全

GSM 被设计具有中等安全水平。系统设计使用共享密钥用户认证。用户与基站之间的通信可以被加密。

GSM 为了安全使用多种加密算法。A5/1 和 A5/2 两种串流密码用于保证空中语音的保密性。A5/1 是在欧洲范围使用的强力算法，而 A5/2 则是在其他国家使用的弱强度算法。两种算法中严重的漏洞都已经被发现，例如一个单一密文攻击可能实时地中断掉 A5/2，但是系统支持多个不同算法，这样运营商就可以换一个安全等级更高的来替代原来的算法。

5. 技术特点

1)频谱效率

由于采用了高效调制器、信道编码以及交织、均衡和语音编码技术，使系统具有高频谱效率。

2)容量

由于每个信道传输带宽增加，使同频复用载干比要求降低至 9dB，故 GSM 系统的同频复用模式可以缩小到 4/12 或 3/9 甚至更小(模拟系统为 7/21)；加上半速率话音编码的引入和自动话务分配以减少越区切换的次数，使 GSM 系统的容量效率(每兆赫每小区的信道数)比 TACS 系统高 3～5 倍。

3)话音质量

鉴于数字传输技术的特点以及 GSM 规范中有关空中接口和话音编码的定义，在门限值以上时，话音质量总是达到相同的水平而与无线传输质量无关。

4)开放的接口

GSM 标准所提供的开放性接口，不仅限于空中接口，而且包括网络直接接口以及网络中各设备实体之间的接口。

5）安全性

通过鉴权、加密和 TMSI 号码的使用，达到安全的目的。鉴权用来验证用户的入网权利。加密用于空中接口，由 SIM 卡和网络 AUC 的密钥决定。TMSI 是一个由业务网络给用户指定的临时识别号，以防止有人跟踪而泄漏其地理位置。

6）与 ISDN、PSTN 等的互联

与其他网络的互联通常利用现有的接口，如 ISUP 或 TUP 等。

7）全球漫游

漫游是移动通信的重要特征，它标志着用户可以从一个网络自动进入另一个网络。全球移动通信系统可以提供全球漫游，当然也需要网络运营者之间的某些协议。

8）GSM 系统结构

GSM 数字蜂窝移动通信系统主要有如下四部分组成：

（1）移动网络子系统（NSS）；

（2）基站子系统（BSS）；

（3）移动台子系统（MS）；

（4）操作支持子系统（OSS）。

9）GSM 结构中各子系统之间的关系

基站子系统（BSS）在移动台系统（MS）和移动网络子系统（NSS）之间提供和管理传输通路，特别是包括了 MS 与 GSM 系统的功能实体之间的无线接口管理；

NSS 是整个 GSM 系统的控制和交换中心，它负责所有与移动用户有关的呼叫接续处理、移动性管理、用户设备及保密管理等功能，并提供 GSM 系统与其他网络之间的连接；

操作支持子系统（OSS）为网络运营商提供一种手段用来控制和维护这些实际运行部分。

MS、BSS 和 NSS 组成 GSM 系统的实体部分，如图 2-2 所示。

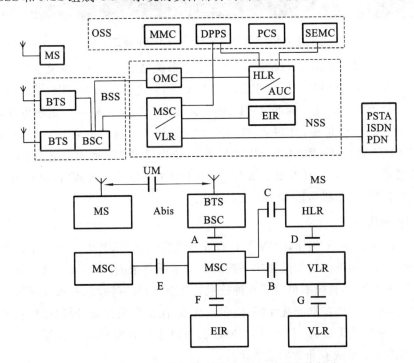

图 2-2　MS、BSS 和 NSS 组成 GSM 系统的实体部分

◆ **2.2.2 CDMA IS95**

尽管 GSM 取得了巨大的商业成功,但其技术上的局限性使其容量受到了限制,从而使其系统成本在今后和 CDMA 系统的竞争中必将处于不利地位。应该看到,GSM 的成功,很大程度上是由于当时 CDMA 产品不成熟,在关键技术(比如远近效应、功率控制等)上存在障碍,加之欧洲在标准化工作上的成功决策,才使 GSM 生逢其时,成为 20 世纪 90 年代中前期模拟蜂窝电话系统升级的唯一选择,获得了全球的迅速推广。

但自从 1993 年 TIA 批准 CDMA 为扩频率数字蜂窝系统标准以来,CDMA 技术在国外得到迅速发展,已呈后来居上之势。

在美国 10 大蜂窝公司中有 7 家选用 CDMA。在亚洲,CDMA 技术商业化趋势更强。

1995 年,韩国 LGIC 公司推出世界上首批商用 CDMA 交换系统。1995 年 9 月,世界上第一个商用 CDMA 移动网在中国香港地区开通。1996 年,在韩国汉城(现已改名为首尔)附近开通世界上最大的商用 CDMA 网。新加坡的 CDMA 个人通信网于 1997 年开通,这也是亚洲第一个 CDMA 个人通信网。所有这些迹象表明,CDMA 正在成为一项全球性的无线通信技术。图 2-3 所示为美国高通公司。

图 2-3 美国高通公司——CDMA 霸主

世界移动通信领域在模拟系统和 GSM 等数字系统之后,CDMA 系统也备受人们关注。除了其技术本身具备的优势之外,更重要的是 ITU(国际电信联盟)组织已将 CDMA(宽带)定为未来世界移动电话的统一标准(IMT-2000 标准),以实现一机一号走遍世界,个人自由移动通信的理想。也就是说,在进入 21 世纪之后,世界各国的网络建设都将遵守"IMT-2000 标准"(CDMA),人们手中拿着 CDMA 手机,走遍世界各国而通信毫无阻碍。

中国联通于 2002 年 1 月 8 日正式开通了 CDMA 网络并投入商用,2008 年 10 月 1 日后转由中国电信经营,手机号段为 133、153、189。

1. CDMA 网络特点

与 FDMA 和 TDMA 相比,CDMA 具有许多独特的优点,其中一部分是扩频通信系统所固有的,另一部分则是由软切换和功率控制等技术所带来的。CDMA 移动通信网是由扩频、多址接入、蜂窝组网和频率再用等几种技术结合而成,含有频域、时域和码域三维信号处理的一种协作,因此它具有抗干扰性好、抗多径衰落、保密安全性高、同频率可在多个小区内重复使用、所要求的载干比(C/I)小于 1、容量和质量之间可做权衡取舍等属性。这些属性使 CDMA 相比其他系统有非常明显的优势。

1）系统容量大

理论上 CDMA 移动网的系统容量比模拟网大 20 倍。实际的系统容量要比模拟网大 10 倍，比 GSM 要大 4～5 倍。

2）系统容量的灵活配置

这与 CDMA 的机理有关。CDMA 是一个自扰系统，所有移动用户都占用相同带宽和频率，如果能控制住用户的信号强度，在保持高质量通话的同时，就可以容纳更多的用户。

3）通话质量好

CDMA 系统的话音质量很高，声码器可以动态地调整数据传输速率，并根据适当的门限值选择不同的电平级发射。同时门限值根据背景噪声的改变而变，这样即使在背景噪声较大的情况下，也可以得到较好的通话质量。另外 CDMA 系统采用软切换技术，"先连接再断开"，这样完全克服了硬切换容易掉话的缺点。

4）频率规划简单

用户按不同的序列码区分，所以不同的 CDMA 载波可在相邻的小区内使用，网络规划灵活，扩展简单。

2. CDMA 手机特点

1）CDMA 手机发射功率小

CDMA 手机的发射功率大的只有 200 mW，正常通话时仅需 0.1 mW，即使与一只普通灯泡相比，也仅相当于其十万分之一左右。在人们担心蜂窝电话电磁波对人体有害的情况下，使用 CDMA 手机确是理想的选择，甚至有人称之为"绿色手机"。

2）CDMA 话音更清晰

手机用户最关心的是话音质量，CDMA 宣称自己是"无线通信，有线音质"，这是由其"多径接收"的高技术作保障的。"多径接收"就是在手机内设计多个接收机，同时接收信号，然后将接收到的信号综合叠加，把噪声信号过滤，话音信号自然就变好了。

3）掉话率低

由于 CDMA 网络使用的是软切换技术，即我们常说的"先连后断"，所以比起 GSM 的硬切换，掉话率会低很多。

◆ **2.2.3 D-AMPS**

D-AMPS 也被称为 TDMA IS-136。D-AMPS（数字先进移动电话服务）是 AMPS（先进移动电话服务）的数字版本。D-AMPS 和 AMPS 现在都在多个国家使用。D-AMPS 在 AMPS 中增加了时分多址连接方式（TDMA），以使得每个 AMPS 通道都具有三个通道，在一个通道中可以处理 3 个呼叫。

同 AMPS 相似，D-AMPS 使用了电磁辐射频谱中 800～900 MHz 的频率范围。即使是服务提供商也可以使用前一半 824～849 MHz 范围内的频率来接收从无线移动电话发来的信号，并使用后一半 869～894 MHz 范围内的频率来传输信号到无线移动电话上去。带宽被分为 30 kHz 的子带，这个子带被称为通道。接收通道被称为反向通道，发送通道被称为正向通道。将频谱分为子带通道是通过频分多址连接方式（FDMA）完成的，时分多址连接方式（TDMA）被添加到每个用 FDMA 创建的子带通道中，使得可用的通道个数成倍增加。

AMPSD-AMPS 起源于北美移动电话市场，被广泛分布在世界范围内的超过 7400 万用

户所使用。D-AMPS 是使用了 TDMA 的三大无线数字技术之一。另外两大技术分别是
GSM 和 PDC。每个技术对 TDMA 的解释都不同,所以这三个技术标准之间是不兼容的。
D-AMPS 的一个优势就在于它从现有的类似 AMPS 网络更容易升级。

D-AMPS 系统的特点具体如下。

1. 网络容量

D-AMPS 使网络的容量增加以支持业务量"热点"以及允许更多的上网用户,而不需额
外的频谱。网络容量因移动电话用户数持续增长成为越来越突出的主题。经营商在不要求
增加更多频谱的条件下,千方百计尽力增加能为之服务的用户数。

2. 无线数据

D-AMPS 标准支持在无线链路上发送数据,包括在 Internet 上遨游。D-AMPS 标准有
分组数据标准,名为蜂窝数字分组数据(CDPD),使 D-AMPS 无线网可在现有频率内用作分
组数据业务的基础。但是单就技术而言并非 D－AMPS 标准在世界上取得成功的原因,技
术发展进程的另一因素是商业逻辑。

3. 商业法则

拥有模拟 AMPS 网的无线网络经营商可将 IS-136 移入网内,从而继续利用先前的投
资。数字 D-AMPS 信道可在同一网络设施上用同一频率分配逐步列入网中。事实上,
D-AMPS 标准原先就是作为双模式、双频段标准而制定的。实践中就意味着用户用双模式
模拟/数字电话在 800 MHz 或 1900 MHz 频段上既可从模拟信道又可从数字信道接用移动
通信业务。因此网络经营商可为用户提供进入任何其他 AMPS 或 D-AMPS 网的漫游。在
AMPS 和 D-AMPS 范围内能漫游对新的无线电网络经营者具有很大吸引力。如果一个新
的经营商取得 1900 MHz 的许可证,它就能向用户提供国际漫游,不仅可进入其他
1900 MHz 网,在用户进入 800 MHz 网服务的地区或国家时也可用模拟或数字方式提供业
务支持。

◆ 2.2.4 PDC

PDC(personal digital cellular)是一种由日本开发及使用的第二代移动电话通信标准。

与 D-AMPS 及 GSM 相似,PDC 采用 TDMA 技术。标准由 RCR(其后变成 ARIB)在
1991 年 4 月制定。而 NTT DoCoMo 在 1993 年 3 月推出其数码 MOVA 服务。PDC 采用
25 kHz 载波、3 个时间格、pi/4-DQPSK 编码以及低速率 11.2 kbit/s 及 5.6 kbit/s(半速
率)话音编解码器。

PDC 使用 800 MHz(下行 810～888 MHz,上行 893～958 MHz)及 1.5 GHz(下行
1477～1501 MHz,上行 1429～1453 MHz)频谱。空中接口(air interface)定为 RCR STD-
27,核心网络地图(core network MAP)为 JJ-70.10。

提供的服务包括话音(全速及本速)、增值服务(包括来电等候、留言信箱、三人会议、来
电转驳等)、数据服务(高为 9.6 kbit/s CSD),以及封包转换无线数据(packet-switched
wireless data,高为 28.8 kbit/s PDC-P)。

与 GSM 相比,PDC 的较弱广播强度让生产商造出较细小的手机及使用较轻的电池,但
话音质量则低于标准,而维持网络连接能力亦较为逊色,特别是在密闭环境如电梯内。

PDC 高峰时期曾有接近 8000 万使用者,2005 年 12 月使用者数字为 4585.6 万,2007 年 3 月底的使用者为 2621 万人(约占所有移动电话使用者的 27.1%)。逐渐被 3G 技术如 W-CDMA 或 CDMA2000 淘汰。图 2-4 所示为 NTT DoCoMo 公司的 PDC 手机。

图 2-4　NTT DoCoMo 公司的 PDC 手机(类似于中国的小灵通手机)

2.2.5　铱星计划

2001 年的一天,蔡国雄接到他的老板从总部打来的一个电话:“Patrick(指蔡),你能不能在 6 个星期之内给我 5 亿美元?”蔡国雄不由一惊。作为摩托罗拉全球资深副总裁兼亚太区财务策略总监,他手中有两个“钱仓”,一个在新加坡,一个在中国。新加坡的钱仓之前已经因为尽数向总部输血几乎“空了”,这次他只好找摩托罗拉中国公司董事长兼总经理赖炳荣商量。赖炳荣又找到生产基地所在的天津市,争取到了各部委的配合,在摩托罗拉全球困难的时候,特事特办从中国区利润中拿出 5 亿美元支援总部。之后两年间,摩托罗拉中国又先后拿出 10 亿美元支援总部。

当时的摩托罗拉究竟发生了什么灾难需要这么多钱?答案在于“铱星”。2000 年 8 月,铱星公司申请破产,摩托罗拉损失 50 亿美元。祸不单行,2001 年在土耳其,摩托罗拉因两年前投资一家名为 Telsim 的无还债能力的电信公司而遭资产诈骗损失 20 亿美元。摩托罗拉在全球陷入困境。“儿子需要救爸爸了。”赖炳荣说。

铱星系统是美国摩托罗拉公司设计的全球移动通信系统。它的天上部分是运行在 7 条轨道上的卫星,每条轨道上均匀分布着 11 颗卫星,组成一个完整的星座.它们就像化学元素铱(Ir)原子核外的 77 个电子围绕其运转一样,因此被称为铱星。后来经过计算证实,6 条轨道就够了,于是,卫星总数减少到 66 颗,但仍习惯称之为铱星。

以卫星通信超越地面移动通信,是一次巨大的赌局。如果卫星通信后来真的成了气候,摩托罗拉也将越过第二代地面通信技术,直接由模拟时代的霸主晋升为卫星通信时代的垄断者。而对于动辄能开创一个新工业的摩托罗拉和高尔文家族来说,在别人看来超乎想象的构想从来不足为惧,他们非常擅长以这种路径从一个工业跃迁到另一个更有未来的工业。而且放眼全球,当时只有摩托罗拉有技术能力和财力牵头搞铱星系统。因此老高尔文决定上马铱星计划,绝不仅仅是出于商业利益考虑——高尔文家族素有造福全人类的梦想,铱星也承载了老高尔文天降大任的使命感。

摩托罗拉的这一构想的确有其合理性。1987年"铱星"计划提出时,移动电话的全球普及率还不到10%,不仅网络和终端普及率低,通话地域有限,而且最先商用的GSM网间漫游和切换时也时常因技术原因而发生掉线、失真等故障。一旦铱星成功,人类就将一步跨越到高级通信时代,摩托罗拉将再次泽被全人类。

"铱星"1991年正式立项,对于这个耗资数百亿美元的项目,摩托罗拉表现出其自负和刻舟求剑式的思维。美国"雷鸟"商学院后来的一份研究报告称,摩托罗拉花在铱星项目技术与商业可行性论证上的时间仅仅1年——从1987年底到1988年底,1989年秋,老高尔文便在公司内部宣布将上马铱星。1990年初,摩托罗拉成立了由20名精英组成的铱星项目团队。

事后证明,摩托罗拉既没有预见到第二代数字移动通信会很快以非常简单的技术手段解决网络漫游问题:随着基站铺设速度的指数式增长,GSM网络能以比铱星低得多的成本实现几乎覆盖全球的自由通信;它也没有意识到一个常识,手机用户绝大部分是在建筑物内或车内通话,而非那些人迹罕至的"能见到天的地方"。据报道,早在1990年代初就有一位运营商的高管曾经提醒过摩托罗拉,运营商不可能卖出这种"用户必须首先将自己置于在电话天线和卫星之间没有任何障碍物的地点才能顺利使用"的电话。

摩托罗拉也高估了自己实现铱星构想的效率。原计划于1995年投入运营的铱星系统,由于技术太复杂和融资等方面的原因,直到1998年11月才投入运营。在这期间,全球移动电话的普及率快速提升,1992年是超过25%,2000年是超过45%。早期的技术问题也早已得到解决,"人们需要铱星"的理论基础和市场基础都已经不复存在,摩托罗拉早就应该"壮士断腕"及时止损。

但摩托罗拉却选择继续坚守这个已经明显不合时宜的"让地球村真正变小"的技术理想。历时12年,耗资50多亿美元,由66颗卫星组成的铱星系统正式投入商业运营后,摩托罗拉原本预期到1998年底拥有5万用户,但却仅有1万用户愿意买单,直到其破产时也只有5.5万名用户。铱星一年的运营维护费用高达数亿美元,要想实现赢利至少需要65万名用户。

摩托罗拉原本预计到2000年铱星收入将达到26亿美元,但1999年第一季度,铱星亏损已达5.05亿美元。2000年3月,美国联邦破产法院宣布背负40多亿美元债务的铱星公司破产,留下一堆至今还没有结果的财务官司和66颗在太空游荡的美丽卫星。而此后,由于种种后文将述及的原因,直到2001年,拥有铱星公司17.7%股份的摩托罗拉才从这个巨大的无底洞中抽身。

今天的铱星在被一家私人股权基金以不到当初投资额1%的低价买下后,拥有了超过20万用户和近3亿美元的营业额,似乎开始起死回生,但这一切已经与摩托罗拉无关了。

从技术角度看,铱星系统是真正的科技精品。"我常常想,我们这些被称为高科技的互联网公司做的东西和铱星系统相比,简直就像是玩具。"Google公司研究员吴军在Google黑板报上发出感叹。但从商业的角度,铱星却是不折不扣的"在错误时间认准错误市场投入的错误产品"。其根源正在于以技术而非市场驱动的摩托罗拉过度被"工程师文化"主导,没有学会从用户和市场需求的角度来反求技术战略,而是习惯于从技术蓝图出发去勾画市场。当它在技术判断上出现重大偏差时,遭到市场的惩罚也就不奇怪了。

2.3　第三代移动通信系统

第三代移动通信系统 IMT2000，是国际电信联盟（ITU，international telecommunication union）在 1985 年提出的（ITU 的组织架构如图 2-5 所示），当时称为未来公共陆地移动通信系统（FPLMTS，future public land mobile telecommunication system）。1996 年正式更名为 IMT2000。

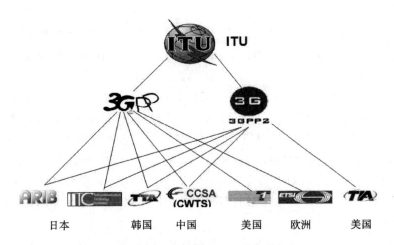

图 2-5　国际电信联盟 ITU 的组织架构

第三代（3rd generation，简称 3G）移动通信为人类开启了一个崭新的移动通信世界。它可使人们享受到更多的通信乐趣，除了获得更清晰的话音业务外，还可以随时随地通过个人移动终端进行多媒体通信，比如上网浏览、多媒体数据库访问、实时股市行情查询、可视电话、电子商务、知识汲取和文化娱乐等。

第三代移动通信的目标和要求如下：

（1）全球统一频段、统一标准，无缝覆盖。

（2）比第二代移动系统拥有更高的频谱效率。

（3）高服务质量，高保密性能。

（4）提供宽带多媒体业务，速率最高可达到 2 Mbps（车速环境：144kbps，步行环境：384kbps，室内环境：2 Mbps）。

（5）易于从第二代系统过渡和演进。

（6）价格低廉的多媒体终端。

◆ 2.3.1　为什么要发展第三代移动通信

随着时代的进步，人们对移动通信提出了更高的需求。

第二代（2G）系统虽然可以比较好地提供移动语音通信，但是对于用户不断增加的需求（例如：在移动中享用数据、多媒体通信）却显得力不从心。此外，在一些人口高度密集的发达地区，2G 系统本身的技术瓶颈导致它不能满足不断增长的对用户容量的需求。在这种情况下，3G 系统成为大家的热切期望目标。

2G 系统频谱资源有限、频谱利用率低、对移动多媒体业务的支持有限（只能提供话音与低速数据业务),以及 2G 各系统之间不兼容导致了系统的容量较小,难以满足高速宽带业务的需求和不能实现用户全球漫游,因此发展 3G 移动通信是第二代移动通信前进的必然结果。发展第三代移动通信的主要目的如下:

(1)满足未来移动用户容量的需求。

(2)提供移动数据和多媒体通信业务。

2.3.2 3G 的标准化过程

1. 标准组织

IMT-2000 的网络采用了"家族概念",受限于这个概念,ITU 无法制定详细协议规范,3G 的标准化工作实际上是由 3GPP(3th generation partner project)和 3GPP2 两个标准化组织来推动和实施的。

3GPP 成立于 1998 年 12 月,由欧洲的 ETSI、日本的 ARIB、韩国的 TTA 和美国的 T1等组成。3GPP 采用欧洲和日本的 WCDMA 技术构筑新的无线接入网络。核心交换侧则在现有的 GSM 移动交换网络基础上平滑演进,提供更加多样化的业务。UTRA(universal terrestrial radio access)为无线接口的标准。其后不久,在 1999 年的 1 月,3GPP2 也正式成立,由美国的 TIA、日本的 ARIB、韩国的 TTA 等组成。3GPP2 是研究以 CDMA2000 为基础的 IMT-2000 CDMA MC 技术体制的国际标准化伙伴组织,核心网采用 ANSI/IS41。

2. 3G 技术标准化

第三代移动通信的标准化主要包括无线传输技术(RTT)和网络技术的标准化。IMT-2000 中关键的是无线传输技术(RTT)。截至 1998 年 6 月底,ITU 征集到来自欧洲、日本、美国、中国和韩国的 10 个地面接口 RTT 标准。为了确定 IMT-2000 RTT 的关键技术,ITU 对多种无线接入方案(卫星接入除外)进行了艰难的融合,以尽可能达到形成统一的RTT 标准的目的。但是,经过一年多的研究之后,ITU 发现要想获得不同 RTT 技术间的完全融合是根本行不通的。因此,1999 年 11 月,ITU TG8/1 在芬兰举行的会议上通过了"IMT-2000 无线接口技术规范",终确定了 IMT-2000 可用的 5 种 RTT 技术:IMT-2000 CDMA DS、IMT-2000 CDMA MC、IMT-2000 CDMA TDD、IMT-2000 TDMA SC、IMT-2000 TDMA MC,这些技术覆盖了欧洲与日本的 WCDMA、美国的 CDMA2000 和中国的 TD-SCDMA,如表 2-1 所示。

表 2-1　IMT-2000 的无线接口标准

接　口　标　准		覆　盖　范　围
CDMA	FDD DS	WCDMA
	FDD MC	CDMA2000
	TDD	TD-SCDMA
		TD-CDMA
TDMA	TDD SC	UWC-136
	TDD MC	EP-DECT

中国于 1999 年 4 月成立了无线通信标准研究组 CWTS,并于 1999 年 5 月正式加入了3GPP 和 3GPP2。

网络技术的标准化研究也与无线传输技术标准化的研究情况类似,主要由 3GPP 和

3GPP2 分别进行,但是两者研究的对象和内容完全不同。

3GPP 的 CN 标准化由 TSG-CN 工作组进行研究,它负责基于 GSM/MAP 的核心网信令规范的制定,比如与 CAMEL、GPRS、MAP、Ix 接口及网络互通有关信令的制定,以及 Stage2 和 Stage 3 业务/功能规范的制定。

3GPP2 的 CN 标准化由 3GPP2/TSG-N 工作组进行研究,采用 IS-41 的网络作为 CDMA-2000 核心网演进的基础。

3. 第三代的核心网络

第三代移动通信系统将在第二代系统基础上引入,因此从保护第二代系统庞大基础设施的巨额投资和使其继续发挥效益的观点出发,3G 系统是否能支持 2G 系统的功能,2G 系统能否逐步平滑地向 3G 系统演进,是 IMT-2000 能否成功的关键。

由于第二代系统具有多种工作模式(如 FDD、TDD)和可采用不同的无线传输技术 RTT,所以难以使用统一的网络技术模式来实现第二代核心网向第三代核心网的过渡。为此,ITU 放弃了在空中接口及网络技术等方面一致性的努力,而致力于制定网络接口的标准和互通方案。也就是说,尽管不同地区现有的第二代系统标准存在差异,但在向第三代系统演进过程中,只要该系统能在网络和业务能力上满足要求,都可能成为 IMT-2000 家族的成员。

按照 ITU 的定义,第三代移动通信系统由移动终端 MT、无线接入网 RAN 和核心网络 CN 构成。事实上,考虑到 IMT-2000 空中无线接口标准允许使用不同的 RTT 技术,而且采用了"IMT-2000 家族概念"来构建核心网络,所以,第三代移动通信系统的 RAN 和 CN 可以根据实际采用的技术而拥有不同的结构。比如,WCDMA 的核心网从 GSM/MAP 演进,CDMA2000 的核心网从 ANSI-41 演进。图 2-6 显示了不同的 RAN 和相关的 CN 之间的对应关系。

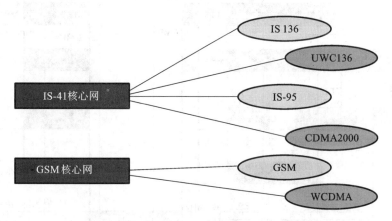

图 2-6 CN 和 RAN 之间的对应关系核心网络的功能

按照 ITU 的观点,IMT-2000 核心网家族成员应具备下述基本功能。

1)位置更新能力

支持多种工作模式的终端。

2)漫游能力

(1)IMT-2000 同技术间的漫游。

(2)多运营者间的漫游。

(3)全球无缝漫游。

3)切换能力

(1)第二代系统与第三代系统间的切换。

(2)接入网和核心网内的切换。

4)业务承载能力

(1)高速移动环境为 144 kbps。

(2)低速移动环境为 384 kbps。

(3)室内移动环境为 2 Mbps。

5)多媒体和呼叫控制能力

(1)支持基本状态呼叫模型。

(2)呼叫/连接分离,呼叫/载体分离。

(3)单终端的多呼叫业务。

6)业务可携带性

(1)按用户注册要求提供服务。

(2)通过终端修改业务要求。

7)终端能力

软件无线电、自适应或重新配置能力。

4. IMT-2000 的频谱分配

1992 年,世界无线电大会 WRC-92 为第三代移动通信分配了使用频段,带宽共
230 MHz(1885～2025 MHz,2110～2200 MHz),如图 2-7 所示。

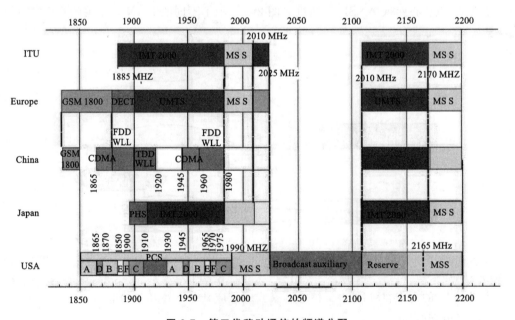

图 2-7　第三代移动通信的频谱分配

2000 年世界无线电大会针对未来数据发展需求问题,对 3G 频带作了扩展:806～
960 MHz,1710～1885 MHz,2500～2690 MHz。

目前 TDD 的频带在各个国家之间还没有统一,在欧洲,UTRA TDD 的可用频带为:

1900～1920 MHz 和 2010～2025 MHz，共 35 MHz 的频带。

中国第三代公众移动通信系统的工作频段（2002 年 11 月）具体如下。

1）主要工作频段

频分双工（FDD）方式：1920～1980 MHz/2110～2170 MHz；时分双工（TDD）方式：1880～1920 MHz/2010～2025 MHz。

2）补充工作频率

频分双工（FDD）方式：1755～1785 MHz/1850～1880 MHz；时分双工（TDD）方式：2300～2400 MHz，与无线电定位业务共用，均为主要业务，共用标准另行制定。

3）卫星移动通信系统工作频段

1980～2010 MHz/2170～2200 MHz。

◆ 2.3.3 2G 向 3G 移动通信系统演进

3GPP 和 3GPP2 制定 GSM 向 WCDMA 的演进策略总体上都是渐进式的。

1. 保证现有投资和运营商的利益

从发展的角度说，由现有的第二代移动通信系统向 IMT-2000 演进的过程是一个至关重要的问题。它关系到现有网的再使用（另建新网络不应是佳方案）和多种第二代数字网络体制向同一规范发展这两个主要问题。

对于电信网络的运营商来说，需要考虑如何充分利用现有第二代网络以使第三代的网络投资更加有效。有效的投资就意味着更高的利润，这也是衡量每一个公司运营状况的关键所在。对于第二代移动用户来说，随着生活方式的改变，现有的话音和短信息（SMS）服务已经不能满足信息时代的要求，从而成为 IMT-2000 的潜在用户。现有网络的再利用，使他们更加方便地在原有无线网上得到新业务，同时减少花费。

2. 有利于现有技术的平滑过渡

这个问题也正是 1998—1999 年欧美兼并浪潮波及无线通信领域的又一个例子，即同采用 TDMA 方式的 GSM 和 DAMPS(IS-136)在向第三代演进时，趋同（convergence）的倾向。由于我国的第二代无线网络中 GSM 系统占主导地位，加之 GSM 和 DAMPS 的趋同（DAMPS 向 GSM 靠近），可以认为 GSM 向 UMTS/IMT-2000 的过渡是第二代向第三代发展的主干。

结合上面的论述，GSM 向 WCDMA 的演进策略应是：GSM→HSCSD（高速电路交换数据，速率 14.4～64 kbps）→GPRS（通用分组无线业务，速率 144 kbps）→IMT-2000 WCDMA(DS)：

1）高速电路交换数据 HSCSD(high speed circuit switched data)

HSCSD 是 GSM 网络的升级版本，HSCSD 业务是将多个全速业务信道复用在一起，以提高无线接口数据传输速率的一种方式。GSM 网络在引入 HSCSD 之后，可支持的用户数据速率将达到 38.4 kb/s(4 时隙)、57.6 kb/s (4 时隙,14.4 kb/s 信道编码)、57.6 kb/s(6 时隙-透明数据业务)。HSCSD 适合提供实时性强的业务，如会议电视。

HSCSD 作为电路型数据业务，在无线接口上虽然也有无线资源的协商和调整（非透明业务），但对于一个连接来说，无论是否有实时数据的传送，至少需要保持一个时隙的无线连接。当数据业务量增加时，需增设新的基站或大量的无线信道。

2）通用分组交换无线业务 GPRS(general packet radio service)

GPRS 和 HSCSD 一样，属于 GSM 网络在 Phase 2＋以后引入的增强型数据业务，但两者的最大区别在于：HSCSD 基于电路交换方式（CSD），而 GPRS 基于分组交换方式（Packet）。这决定了两者在用户范围上有着完全不同的差别：HSCSD 适合于持续长时间的大数据量传输，如文件传输、视频会议以及实时性业务等；而 GPRS 适合于更广泛的突发性的数据访问，如互联网浏览、电子商务事务、收发电子邮件以及其他非实时性业务等，业务应用范围较广。对于 GPRS 业务来说，用户只有需要发送信息时才申请无线资源，其他时间 MS 随时保持 PDP 激活状态，而不需要任何无线资源。

分组交换的基本过程是把数据先分成若干个小的数据包，通过不同的路由，以存储转发的接力方式传送到目的端，再组装成完整的数据。在 GSM 无线系统中，无线信道资源非常宝贵，如采用电路交换，每条 GSM 信道只能提供 9.6 kb/s 或 14.4 kb/s 的传输速率。如果多个组合在一起（多 8 个时隙），虽可提供更高的速率，但只能被一个用户独占，在成本效率上显然缺乏可行性。而采用分组交换的 GPRS 则可灵活运用无线信道，让其为多个 GPRS 数据用户所共用，从而极大地提高了无线资源的利用率。在理论上，GPRS 可以将最多 8 个时隙组合在一起，给用户提供高达 171.2 kb/s 的带宽。同时，与 GSM 不同的是，它可同时供多个用户共享。从无线系统本身的特点看，GPRS 使 GSM 系统实现无线数据业务的能力产生了质的飞跃，从而提供了便利高效、低成本的无线分组数据业务。

虽然在网络建设上 GPRS 相对 HSCSD 对于网络的改动更大，但对于无线资源的利用来说却是占用最小的电力负荷，在最大程度上减少了 BTS 的投资，即使在不增加频率资源和小区的情况下也可以提供业务。运营者可以根据业务负荷和实际需要在话音和数据业务之间动态分配无线信道。

由于 GPRS 网是通过软件升级和增加必要的硬件，利用 GSM 现有无线系统实现分组数据传输，GSM 承载 GPRS 业务时可不必中断其他业务，如语音业务等。所以业内人士普遍认为 GPRS 是 GSM 向 3G 系统演进的重要一环，其引入将大大延长 GSM 系统的生存周期，同时为 3G 的发展奠定基础。

3）WCDMA(宽带码分多址，wideband code division multiple access)

WCDMA 是以 UMTS/IMT-2000 为目标的成熟的新技术。它能够满足 ITU 所列出的所有要求，提供非常有效的高速数据，具有高质量的语音和图像业务。但是，在 GSM 向 WCDMA 的演进过程中，仅核心网部分是平滑的。

而由于空中接口的巨大变化，无线接入网部分的演进是革命性的。

CDMA2000 标准演进：CDMA2000 技术的完整演进过程如图 2-8 所示。

真正在全球得到广泛应用的第一个 CDMA 标准是 IS-95A，这一标准支持 8 k 语音编码服务、13k 语音编码服务，其中 13k 语音编码服务质量已非常接近有线电话的语音质量。随着移动通信对数据业务需求的增长，1998 年 2 月，美国 Qualcomm 公司宣布 IS-95B 标准用于 CDMA 基础平台。IS-95B 提升了 CDMA 系统性能，并增加了用户移动通信设备的数据流量，提供对 64 kbit/s 数据业务的支持。

对应 CDMA2000 技术的演进过程，CDMA 各阶段系统的描述如表 2-2 所示。

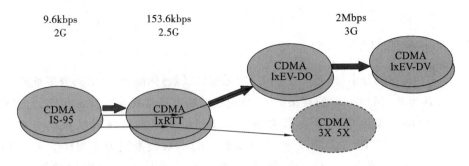

图 2-8 2G 向 3G 演进路径

表 2-2 CDMA 系统演进

系 统	速 率	业 务	阶 段
CDMAOne(IS-95A,IS-95B)	14.4 kbit/s、64 kbit/s	语音	2G
CDMA2000 1x	153.6 kbit/s	语音/数据	2.5G
CDMA2000 1x EV-DO	2.4 Mbit/s	数据	3G
CDMA2000 1x EV-DV	4 Mbit/s 以上	语音/数据	3G

CDMA2000 是由上一代 CDMA 系统直接发展而来的。CDMA2000 从 1x 走向 1x EV-DV 的演进则相对较为平滑。CDMA2000 1x 在向前延伸的过程中,无线子系统只需要在软硬件上做部分的变动,相对来说要平稳一些。

CDMA2000 1x 是 CDMA2000 第三代无线通信系统的第一个阶段。CDMA2000 1x 从 CDMAOne 演化而来,主要特点是与现有的 TIA/EIA-95-B 标准后向兼容,并可与 IS-95A/B 系统的频段共享或重叠。通过设置不同的无线配置,CDMA2000 1x 可以同时支持 1x 终端和 IS-95A/B 终端。因此,IS-95A/B 和 CDMA2000 1x 可以同时存在于同一载波中。

GPRS 是从 GSM 移动通信网络到 3G 系统平滑过渡很重要的一个措施。GPRS 有如下优点:

(1)拥有经济有效的分组数据传输技术;

(2)支持移动上网浏览的功能;

(3)实现按比特收取用户通信费用;

(4)对 GSM 网络的改动较少,充分保护投资;

(5)可满足初期大部分用户对 3G 业务的需求;

(6)很快为运营商带来效益,提高竞争能力。

总之,GPRS 作为 2.5G 的产品,可以迅速进入移动通信市场,能够有效地保护电信运营商的投资,满足用户对第三代业务不断增长的需求。为了充分保护运营商在 GSM/GPRS 网络上的投资,从 GSM 向 3G 系统的演进可按照以下的过程进行演进:引入 3G(UMTS)核心网络,第二、三两代核心网络混合组网,核心网之间通过 IWF 功能实现业务互通。

就具体的演进实现过程而言,在第二阶段中,新增的 UMTS 核心网 CN(UMSC)叠加在 GSM 核心网上,它可充分利用已有的 HLR/AUC 等网络设施,并沿用移动信令网。这样不仅能保护 GSM GPRS 方面的投资,又能逐步构建可提供丰富 3G 业务的 UMTS 第三代移动通信网络。此外,在演进过程中,叠加 UMTS 的过渡方式还达到了优化网络资源配置、简化网络结构和便于操作维护的目的,充分体现出对 GSM GPRS 网络基础设施使用的继承性。

2.3.4 WCDMA

WCDMA(宽带码分多址)是一个ITU(国际电信联盟)标准,它是从码分多址演变来的,从官方看被认为是IMT-2000的直接扩展,与现在市场上通常提供的技术相比,它能够为移动和手提无线设备提供更高的数据速率。WCDMA采用直接序列扩频码分多址(DS-CDMA)、频分双工(FDD)方式,码片速率为3.84 Mcps,载波带宽为5 MHz。基于Release 99/Release 4版本,可在5 MHz的带宽内,提供最高384kbps的用户数据传输速率。WCDMA能够支持移动/手提设备之间的语音、图像、数据以及视频通信,速率可达2 Mb/s(对于局域网而言)或者384Kb/s(对于宽带网而言)。输入信号先被数字化,然后在一个较宽的频谱范围内以编码的扩频模式进行传输。窄带CDMA使用的是200kHz宽度的载频,而WCDMA使用的则是一个5 MHz宽度的载频。

WCDMA由ETSI NTT DoCoMo作为无线接口为它们的3G网络FOMA开发。后来NTTDocomo提交给ITU一个详细规范作为候选的国际3G标准。国际电信联盟(ITU)最终接受WCDMA作为IMT-2000家族3G标准的一部分。后来WCDMA被选作UMTS的无线接口,作为继承GSM的3G技术或者方案。尽管名字跟CDMA很相近,但是W-CDMA跟CDMA关系不大。在移动电话领域,术语CDMA可以代指码分多址接入技术,也可以指美国高通(Qualcomm)开发的包括IS-95/CDMA1X和CDMA2000(IS-2000)的CDMA标准族。在我国,中国联通采用此标准。图2-9所示为GSM/GPRS向WCDMA演进的过程。

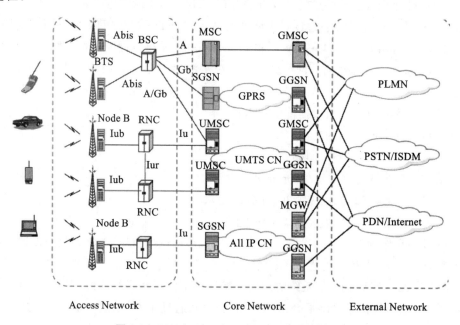

图2-9 GSM/GPRS向WCDMA演进的过程

2.3.5 CDMA2000

CDMA2000也称为CDMA Multi-Carrier,由美国高通北美公司为主导提出,摩托罗拉、

Lucent 和后来加入的韩国三星都有参与,韩国现在成为该标准的主导者。这套系统是从窄频 CDMA One 数字标准衍生出来的,可以从原有的 CDMA One 结构直接升级到 3G,建设成本低廉。但目前使用 CDMA 的地区只有日、韩和北美,所以相对于 WCDMA 来说,CDMA2000 的适用范围要小些,使用者和支持者也要少些。不过 CDMA2000 的研发技术却是目前 3G 各标准中进度最快的,许多 3G 手机已经率先面世。CDMA2000 是一个 3G 移动通信标准,国际电信联盟 ITU 的 IMT-2000 标准认可的无线电接口,也是 2G CDMA 标准(IS-95,标志 CDMA1X)的延伸。根本的信令标准是 IS-2000。CDMA2000 与另两个主要 3G 标准 WCDMA 以及 TD-SCDMA 不兼容。在我国,中国电信采用此标准。

◆ **2.3.6 TD-SCDMA**

TD-SCDMA 是英文 time division-synchronous code division multiple access(时分同步码分多址)的简称,是一种第三代无线通信的技术标准,也是 ITU 批准的三个 3G 标准中的一个,相对于另两个主要 3G 标准(CDMA2000 和 WCDMA),它的起步较晚。

TD-SCDMA 作为中国提出的第三代移动通信标准(简称 3G),自 1998 年正式向 ITU(国际电联)提交以来,已经历十多年的时间,完成了标准的专家组评估、ITU 认可并发布、与 3GPP(第三代伙伴项目)体系的融合、新技术特性的引入等一系列的国际标准化工作,从而使 TD-SCDMA 标准成为第一个由中国提出的,以我国知识产权为主的、被国际上广泛接受和认可的无线通信国际标准。这是我国电信史上重要的里程碑。

该标准是中国制定的 3G 标准。原标准研究方为西门子公司。为了独立出 WCDMA,西门子将其核心专利卖给了大唐电信。之后在加入 3G 标准时,信息产业部(现工业和信息化部)官员以爱立信、诺基亚等电信设备制造厂商在中国的市场为条件,要求它们给予支持。1998 年 6 月 29 日,原中国邮电部电信科学技术研究院(现大唐电信科技产业集团)向 ITU 提出了该标准。该标准将智能天线、同步 CDMA 和软件无线电(SDR)等技术融于其中。另外,由于中国庞大的通信市场,该标准受到各大主要电信设备制造厂商的重视,全球一半以上的设备厂商都宣布可以生产支持 TD-SCDMA 标准的电信设备。

TD-SCDMA 的特点如下:

在频谱利用率、频率灵活性、对业务支持具有多样性及成本等方面有独特优势。

TD-SCDMA 由于采用时分双工,上行和下行信道特性基本一致,因此,基站根据接收信号估计上行和下行信道特性比较容易。此外,TD-SCDMA 使用智能天线技术有先天的优势,而智能天线技术的使用又引入了 SDMA 的优点,可以减少用户间干扰,从而提高频谱利用率。TD-SCDMA 还具有 TDMA 的优点,可以灵活设置上行和下行时隙的比例而调整上行和下行的数据速率的比例,特别适合因特网业务中上行数据少而下行数据多的场合。但是这种上行下行转换点的可变性给同频组网增加了一定的复杂度。TD-SCDMA 是时分双工,不需要成对的频带。因此,和另外两种频分双工的 3G 标准相比,在频率资源的划分上更加灵活。一般认为,TD-SCDMA 由于智能天线和同步 CDMA 技术的采用,可以大大简化系统的复杂性,适合采用软件无线电技术,因此,设备造价可望更低。但是,由于时分双工体制自身的缺点,TD-SCDMA 被认为在终端允许移动速度和小区覆盖半径等方面落后于频分双工体制。在我国,中国电信采用此标准。

2.4 第四代移动通信系统

2.4.1 4G 的概念

尽管目前第三代移动通信技术(3G)的各种标准和规范已冻结并获得通过,但其系统仍存在很多不足,如采用电路交换,而不是纯 IP 方式,传输速率达不到 2 Mbps,无法满足用户对高带宽的要求,多种标准难以实现全球漫游等。正是第三代移动通信技术的局限性推动了人们对下一代移动通信系统——第四代移动通信技术(简称 4G)的研究和期待。

4G 也称为广带接入和分布网络,具有超过 2 Mb/s 的非对称数据传输能力,对高速移动用户能提供 150 Mb/s 的高质量的影像服务,并首次实现三维图像的高质量传输。它包括广带无线固定接入、广带无线局域网、移动广带系统和互操作的广播网络(基于地面和卫星系统),是集多种无线技术和无线 LAN 系统为一体的综合系统,也是宽带 IP 接入系统。在这个系统上,移动用户可以实现全球无缝漫游。具有进一步提高其利用率,满足高速率、大容量的业务需求,同时克服高速数据在无线信道下的多径衰落和多径干扰等众多优势。

2.4.2 4G 的关键技术

1. OFDM 技术

它实际上是多载波调制 MCM 的一种,其主要原理是:将待传输的高速串行数据经串/并变换,变成在 N 个子信道上并行传输的低速数据流,再用 N 个相互正交的载波进行调制,然后叠加一起发送。接收端用相干载波进行相干接收,再经并/串变换恢复为原高速数据。

2. 多输入多输出(MIMO)技术

多输入多输出(MIMO)技术是无线移动通信领域智能天线技术的重大突破。该技术能在不增加带宽的情况下成倍地提高通信系统的容量和频谱利用率,是下一代移动通信系统的核心技术之一。MIMO 系统采用空时处理技术进行信号处理,在丰富的散射环境下,空分复用 MIMO 系统(如 BLAST 结构)可以获得与天线数成正比的容量增长,从而极大地提高频谱效率,增加系统的数据传输速率。但是当散射程度欠佳时,会引起信道间的空间相关,尤其在室外环境下,由于基站的天线较高,从而角度扩展较小,其空间相关难以避免,在这种情况下 MIMO 不可能获得所期望的数据传输速率。

3. 切换技术

切换技术能够实现移动终端在不同小区之间跨越和在不同频率之间通信以及在信号质量降低时如何选择信道。它是未来移动终端在众多通信系统、移动小区之间建立可靠通信的基础。主要划分为硬切换、软切换和更软切换。硬切换发生在不同频率的基站或不同系统之间。第四代移动通信中的切换技术正朝着软切换和硬切换相结合的方向发展。

4. 软件无线电技术

软件无线电是将标准化、模块化的硬件功能单元经过一个通用硬件平台,利用软件加载方式来实现各种类型的无线电通信系统的一种具有开放式结构的新技术。通过下载不同的软件程序,在硬件平台上可实现不同功能,用以实现在不同系统中利用单一的终端进行漫游,它是解决移动终端在不同系统中工作的关键技术。软件无线电技术主要涉及数字信号处理硬件(digital signal process hardware,DSPH)、现场可编程器件(field programmable gate array,FPGA)、数字信号处理(digital signal processor,DSP)等。

5. IPv6 协议技术

3G 网络采用的主要是蜂窝组网,而 4G 系统将是一个基于全 IP 的移动通信网络,可以实现不同类型的接入系统和通信网络之间的无缝连接。为了给用户提供更为广泛的业务,使运营商管理更加方便、灵活,4G 中将取代现有的 IPv4 协议,采用全分组方式传送数据的 IPv6 协议。

◆ 2.4.3 4G 的主要优势

4G 通信将带给人们真正的沟通自由,并彻底改变人们的生活方式甚至社会形态。

4G 通信具有以下一些特征。

1. 传输速率更快

对于大范围高速移动用户(250 km/h),数据速率为 2 Mbps;对于中速移动用户(60 km/h),数据速率为 20 Mbps;对于低速移动用户(室内或步行者),数据速率为 100 Mbps。

2. 频谱利用效率更高

4G 在开发和研制过程中使用和引入许多功能强大的突破性技术,无线频谱的利用比第二代和第三代系统有效得多,而且速度相当快,下载速率可达到5~10 Mbps。

3. 网络频谱更宽

每个 4G 信道将会占用 100 MHz 或是更多的带宽,而 3G 网络的带宽则在 5~20 MHz 之间。

4. 容量更大

4G 将采用新的网络技术(如空分多址技术等)来极大地提高系统容量,以满足未来大信息量的需求。

5. 灵活性更强

4G 系统采用智能技术,可自适应地进行资源分配,采用智能信号处理技术对信道条件不同的各种复杂环境进行信号的正常收发。另外,用户将使用各式各样的设备接入到 4G 系统。

6. 实现更高质量的多媒体通信

4G 网络的无线多媒体通信服务将包括语音、数据、影像等,大量信息透过宽频信道传送出去,让用户可以在任何时间、任何地点接入到系统中,因此 4G 也是一种实时的宽带的以及无缝覆盖的多媒体移动通信。

7. 兼容性更平滑

4G 系统应具备全球漫游,接口开放,能跟多种网络互联,终端多样化以及能从第二代平稳过渡等特点。

8. 通信费用更加便宜

4G 通信的费用比 3G 通信更加便宜。

◆ 2.4.4 4G 技术标准

国际电信联盟(ITU)已经将 WiMax、HSPA＋、LTE 正式纳入 4G 标准里,加上之前就已经确定的 LTE-Advanced 和 WirelessMAN-Advanced 这两种标准,目前 4G 标准已经达到了 5 种。

1. LTE

LTE(long term evolution,长期演进)项目是 3G 的演进,它改进并增强了 3G 的空中接入技术,采用 OFDM 和 MIMO 作为其无线网络演进的唯一标准。主要特点是在 20 MHz 频谱带宽下能够提供下行 100 Mbit/s 与上行 50 Mbit/s 的峰值速率,相对于 3G 网络极大地提高了小区的容量,同时将网络延迟大大降低:内部单向传输时延低于 5 ms,控制平面从睡眠状态到激活状态迁移时间低于 50 ms,从驻留状态到激活状态的迁移时间小于 100 ms。并且这一标准也是 3GPP 长期演进(LTE)项目,是近年来 3GPP 启动的最大的新技术研发项目,其演进的历史如下:GSM→GPRS→EDGE→WCDMA→HSDPA/HSUPA→HSDPA＋/HSUPA＋→LTE。

由于目前 WCDMA 网络的升级版 HSPA 和 HSPA＋均能够演化到 LTE 这一状态,包括中国自主的 TD-SCDMA 网络也将绕过 HSPA 直接向 LTE 演进,所以这一 4G 标准获得了普遍的支持,也将是未来 4G 标准的主流。该网络提供媲美固定宽带的网速和移动网络的切换速度,网络浏览速度大大提升。

2. LTE-Advanced

从字面上看,LTE-Advanced 就是 LTE 技术的升级版,那么为何这两种标准都能够成为 4G 标准呢? LTE-Advanced 的正式名称为 Further Advancements for E-UTRA,它满足 ITU-R 的 IMT-Advanced 技术征集的需求,是 3GPP 形成欧洲 IMT-Advanced 技术提案的一个重要来源。LTE-Advanced 是一个后向兼容的技术,完全兼容 LTE,是演进而不是革命,相当于 HSPA 和 WCDMA 这样的关系。LTE-Advanced 的相关特性如下:

(1)带宽:100 MHz;

(2)峰值速率:下行 1Gbps,上行 500 Mbps;

(3)峰值频谱效率:下行 30bps/Hz,上行 15bps/Hz;

(4)针对室内环境进行优化;

(5)有效支持新频段和大带宽应用;

(6)峰值速率大幅提高,频谱效率有了有限的改进。

严格来讲,将 LTE 作为 3.9G 移动互联网技术,LTE-Advanced 作为 4G 标准更加确切一些。LTE-Advanced 的入围,包含 TDD 和 FDD 两种制式,其中 TD-SCDMA 将能够进化到 TDD 制式,而 WCDMA 网络能够进化到 FDD 制式。移动主导的 TD-SCDMA 网络期望能够直接绕过 HSPA＋网络而直接进入到 LTE。

3. WiMax

WiMax(worldwide interoperability for microwave access),即全球微波互联接入,WiMax 的另一个名字是 IEEE 802.16。WiMax 的技术起点较高,WiMax 所能提供的最高接入速度是 70 Mbit/s,这个速度是 3G 所能提供的宽带速度的 30 倍。对无线网络来说,这的确是一个惊人的进步。WiMax 逐步实现宽带业务的移动化,而 3G 则实现了移动业务的宽带化,两种网络的融合程度会越来越高,这也是未来移动世界和固定网络的融合趋势。

IEEE802.16 工作的频段采用的是不需授权频段,范围在 2～66 GHz,而 802.16a 则是一种采用 2～11 GHz 不需授权频段的宽带无线接入系统,其频道带宽可根据需求在 1.5～20 MHz 范围进行调整,目前具有更好高速移动下无缝切换的 IEEE 802.16 m 的技术正在研发。因此,IEEE802.16 所使用的频谱可能比其他任何无线技术更丰富,WiMax 具有以下优点:

(1)对于已知干扰,窄的信道带宽有利于避开干扰,而且有利于节省频谱资源;

(2)灵活的带宽调整能力,有利于运营商或用户协调频谱资源;

(3)WiMax 所能实现的 50 千米的无线信号传输距离是无线局域网所不能比拟的,网络覆盖面积是 3G 发射塔的 10 倍,只要少数基站建设就能实现全城覆盖,能够使无线网络的覆盖面积大大提升。虽然 WiMax 网络在网络覆盖面积和网络的带宽上优势巨大,但是其移动性却有着先天的缺陷,无法满足高速($\geqslant$50 km/h)下的网络的无缝接入,从这个意义上讲,WiMax 还无法达到 3G 网络的水平,严格来说并不能算作移动通信技术,而仅仅是无线局域网的技术。但是 WiMax 的希望在于 IEEE 802.16 m 在技术上,将能够有效地解决这些问题,也正是因为有中国移动、英特尔、Sprint 各大厂商的积极参与,WiMax 成为呼声仅次于LTE 的 4G 网络手机。关于 IEEE 802.16 m 这一技术,我们将留在最后做详细的阐述。

4. HSPA＋:高速下行链路分组接入技术

HSPA＋即高速下行链路分组接入技术(high speed downlink packet access),而HSUPA 即为高速上行链路分组接入技术,两者合称为 HSPA 技术,HSPA＋是 HSPA 的衍生版,能够在 HSPA 网络上进行改造而升级到该网络,是一种经济而高效的 4G 网络。

从上述我们可了解到,HSPA＋符合 LTE 的长期演化规范,将作为 4G 网络标准与其他的 4G 网络同时存在,它将很有利于目前全世界范围的 WCDMA 网络和 HSPA 网络的升级与过渡,成本上的优势很明显。对比 HSPA 网络,HSPA＋在室内吞吐量约提高 12.58％,室外小区吞吐量约提高 32.4％,能够适应高速网络下的数据处理,将是短期内 4G 标准的理想选择。目前联通已经在着手相关的规划,T-Mobile 也开通了这个 4G 网络,但由于 4G 标准并未被 ITU 完全确定,所以动作并不大。

5. WirelessMAN-Advanced

WirelessMAN-Advanced 事实上就是 WiMax 的升级版,即 IEEE 802.11 m 标准,802.16 系列标准在 IEEE 正式称为 WirelessMAN,而 WirelessMAN-Advanced 即为 IEEE 802.16 m。其中,802.16 m 可以提供 1Gbps 无线传输速率,还将兼容未来的 4G 无线网络。802.16 m 可在"漫游"模式或高效率/强信号模式下提供 1Gbps 的下行速率。该标准还支持"高移动"模式,能够提供 1Gbps 速率。其优势如下:

(1)提高网络覆盖,改建链路预算;

(2)提高频谱效率;

(3)提高数据和 VOIP 容量;

(4)低时延＆QoS 增强;

(5)节省功耗。

目前的 WirelessMAN-Advanced 有 5 种网络数据规格,其中极低速率为 16kbps,低速率数据及低速多媒体为 144kbps,中速多媒体为 2 Mbps,高速多媒体为 30 Mbps,超高速多媒体则达到了 30 Mbps~1 Gbps。但是该标准可能会率先被军方所采用,IEEE 方面表示军方的介入将能够促使 WirelessMAN-Advanced 更快成熟和完善,而且军方的今天就是民用的明天。不论怎样,WirelessMAN-Advanced 得到 ITU 的认可并成为 4G 标准的可能性极大。

◆ 2.4.5 TD-LTE

TD-LTE 是基于 OFDMA 技术、由 3GPP 组织制定的全球通用标准,包括 FDD 和 TDD 两种模式,用于成对频谱和非成对频谱。

LTE-TDD,国内亦称 TD-LTE,即 time division long term evolution(分时长期演进),由 3GPP 组织涵盖的全球各大企业及运营商共同制定,LTE 标准中的 FDD 和 TDD 两个模式实质上是相同的,两个模式间只存在较小的差异,相似度达 90%。TDD 即时分双工(time division duplexing),是移动通信技术使用的双工技术之一,与 FDD 频分双工相对应。TD-LTE 与 TD-SCDMA 实际上没有关系,TD-LTE 是 TDD 版本的 LTE 技术,FDD-LTE 是 FDD 版本的 LTE 技术。TD-SCDMA 是 CDMA(码分多址)技术,TD-LTE 是 OFDM(正交频分复用)技术。两者从编解码、帧格式、空口、信令,到网络架构,都不一样。

目前我国 TD-LTE 规模试验的第一阶段单模测试已完成,即将进入第二阶段多模测试。我国从 2009 年开展 TD-LTE 关键技术研究和验证,积极推进产品和仪表开发,开始进入技术研发期;2010 年在北京怀柔区进行了 TD-LTE 技术试验,8 家系统厂家、5 家芯片厂家基本完成测试;2011 年开始在 6 个城市进行 TD-LTE 规模试验,7 家系统厂家、3 家芯片厂家基本完成测试,实现 2.3GHz、2.6GHz 功能,第一阶段的单模测试宣布完成;到 2012 年将进入 TD-LTE 技术成熟期,即多模测试,开始面向商用的设备测试和验证。在中国移动的财报中透露近几年来中国移动为推广和发展 TD-SCDMA 已经累计投资超过 1800 亿,终端补贴也超过了 300 亿,目前已经花费超过 2100 亿人民币在 TD-SCDMA 网络上。

中国移动表示目前全国各大中型城市均已经覆盖了 TD-SCDMA 网络,近年来 TD-SCDMA 网络利用率逐年上升,现在已经有超过 6000 万部 TD-SCDMA 手机。另外在 TD-LTE 技术方面,中国移动目前已经在国内 15 个大型城市展开扩大规模测试,现在已经取得了较大规模的进展,首个试点城市杭州已经具备了商用的基础,深圳和广州已经正式开启测试,国务院对中国移动 TD-LTE 进展"给予"高度评价,将大力扶持 TD-LTE 的发展。终端方面,TD-LTE 已推出多模多频段商用芯片,28 纳米芯片即将实现量产。已有 4 款多模多频段手机推出,均支持 TD-LTE、FDD-LTE、TD-SCDMA、WCDMA 和 GSM 模式。

2.5 第五代移动通信系统

第五代移动通信技术(5th generation mobile networks)是多种新型无线接入技术和现有无线接入技术演进集成后的解决方案的总称,也是继 4G 的 LTE、3G 的 UMTS 和 2G 的 GSM 系统之后的延伸。同时也是面向 2020 年以后移动通信需求而发展的新一代移动通信系统,简称 5G。相对 4G 来说,5G 网络具有更多优势。4G 与 5G 网络的对比如表2-3 所示。

表 2-3　4G 与 5G 网络的对比

制　式	速　率	时　延	连 接 数	移 动 性
4G	100 Mbps	30～50 ms	10000	350 km/h
5G	10G bps	1 ms	1000000	500 km/h
差距	100 倍	30～50 倍	100 倍	1.5 倍

5G 的性能目标是更高的数据速率、更低的端到端时延、更大的终端连接数、支持更快的移动速度。Release-15 中的 5G 规范的第一阶段是为了适应早期的商业部署。Release-16 的第二阶段于 2020 年 4 月完成,作为 IMT-2020 技术的候选提交给国际电信联盟(ITU)。

◆ 2.5.1　运营商重组

中国电信与中国联通联合发布公告称,将在全国范围内共建共享一张 5G 接入网,共享 5G 频率资源。这是两家公司规模和影响最大的一次战备性合作。但共建共享的仅限 5G 接入网,核心网依然各自为战。促成电信和联通合作建网的原因,第一是减少成本支出,第二是两家运营商的 5G 网络频段相连。

首先,运营商在 4G 投资上的成本尚未收回,现在就要大规模建设 5G 基站,需要巨额投资。根据预测,2019—2025 年,中国 5G 投资将达到 1.5 万亿。5G 基站的覆盖只有 4G 基站的一半,5G 基站的数量就需要是现有 4G 基站的两倍,而且还需要海量室内基站的建设。根据联通和电信的原有规划,截止到 2019 年底将各自建设 4 万个基站,一个基站建设成本约为 50 万元,8 万个基站总投资为 400 亿元。目前三大运营商收入已经进入负增长阶段,面对如此巨额的投资压力巨大。

其次,根据工信部分配的 5G 网络频谱显示,中国电信的 5G 网络频率为 3400～3500 MHz,中国联通的 5G 网络频率为 3500～3600 MHz,两者频段相连。从技术上来说,完全可以使用一套基站和天线同时支撑电信和联通的 5G 接入网络。

这样一来导致了 5G 时代出现了四家运营商、两张半的网络。四个运营商分别是获得工信部 5G 商用牌照的中国移动、中国联通、中国电信、中国广电。而两张半网络包括中国移动独立建设一张 5G 网,中国电信和中国联通共建一张 5G 网,中国广电相对比较弱势还没有完善的 5G 建设计划,所以只能算半张网络。

◆ 2.5.2　5G 牌照发放

2019 年 6 月 6 日我国工业和信息化部宣布,正式为中国移动、中国联通、中国电信和中国广电四家企业发放 5G 牌照,意味着这四家企业可以在合乎法规的前提下开展和 5G 有关的相关运营工作。

2019 年末 5G 正式开始投入商用,2020 年初步具备了广泛推广的基础,进入 2021 年就将快速推广。按照现在的发展速度,2023—2024 年我国的 5G 网络发展将进入成熟期。接下来,整个社会将会进入万物互联的大爆发时期。

由于 5G 信息传送速度太快,那需要信息处理速度、信息储存空间、网络传输带宽、万物互联带来的硬件技术和软件技术的爆发式发展,意味着 5G 推出后将会带来基于 5G 应用需要的巨大硬软件需求,会带动中国科技产业快速发展与进步,中国将在科技领域加快对美国为首西方的追赶乃至弯道超车。

◆ 2.5.3 5G 应用领域三大场景

1G 时代主要解决语音通信问题，2G 时代除了基础语音通信之外还可支持窄带的分组数据通信，3G 在 2G 的基础上发展了诸如图像、音乐视频流的高宽带多媒体通信，4G 是专为移动互联网而设计的通信技术，从网速、容量到稳定性都有质的提升，那么 5G 时代将会为我们带来些什么呢？

从 2G 到 4G，移动通信网络都只是为了连接"人"而生。但随着万物互联时代的到来，移动通信网络需要向着连接"物"而进行演进。其中具有代表性的技术如 NB-IoT（窄带物联网），具有代表性的业务有智能水表、共享单车等。到了 5G 时代，这些低功耗广域网可支撑的业务已经远远不能满足人们对于物联网的应用需求。因此从 4G 向 5G 演进的过程中，就出现了两条路径，分别为：高速路径的高速率、高带宽、设计复杂和低速路径的低功耗、设计简单、信令简化。一边是大流量，一边是小数据。一边是移动宽带，一边是物联网时代。5G 考虑到这么多性能指标，并不仅仅为了满足个人业务的发展。因此，5G 划分了三大应用场景。2015 年 9 月，ITU 正式确认了 5G 的三大应用场景，分别是 eMMB、mMTC 和 uRLLC，如图 2-10 所示。

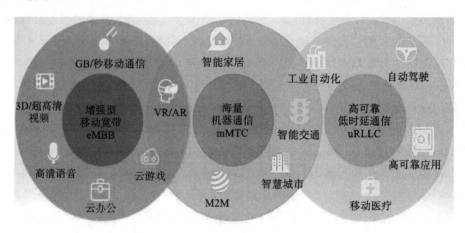

图 2-10 5G 的三大应用场景

1. eMBB（enhance mobile broadband）增强型移动宽带

这种场景就是现在人们使用的移动宽带（移动上网）的升级版，针对的是大流量移动宽带业务，服务用户的互联网的需求。由于频率带宽、帧结构、调制编码、MIMO 等技术的重大突破，5G 实现了比 4G 高 100 倍的传输速率，理论上 5G 可以一秒钟下载一部电影。在这种场景下，强调的是网络的带宽（速率）。前面所说的 5G 指标中，速率达到 10Gbps，就是服务于 eMBB 场景的。

2. mMTC（massive machine type communication）海量机器通信

这个也是典型的物联网场景。例如智能井盖、智能路灯、智能水表电表等，在单位面积内有大量的终端，需要网络能够支持这些终端同时接入，指的就是 mMTC 场景。

截至 2018 年移动电话用户接近 16 亿，人与人之间的连接已经发展得差不多了，接下来就是人与物、物与物之间的连接，实现真正的万物互联。通过多用户共享接入、超密集异构网络等技术，5G 可以支持每平方千米接入 100 万个设备。

基于 5G 强大的连接能力，可以把城市中各行业的公共设施都接入智能管理平台。这些公共设施不再单独工作，而是通过 5G 网络协同工作。所以，只需要少量的维护人员，就可以管理整个城市的公共设施，提高城市的运营效率。也因此，5G 的一个重要的应用领域是智能制造。工厂里简单、重复、容易标准化的工作可以交给无线机器人来完成。

3. uRLLC（ultra reliable & low latency communication）高可靠低时延通信

5G 彻底实现了控制面和用户面分离，将用户面下沉，并引入移动边缘计算（MEC），让云服务更加接近用户，从而实现超低时延。这种场景主要是服务于物联网场景的。例如车联网、无人机、工业互联网等。

在这类场景下，对网络的时延有很高的需求。例如车联网，如果时延较长，网络无法在极短时间内对数据进行响应，就有可能发生严重的交通事故，甚至危害人身安全。这类场景对网络可靠性的要求也很高，不像手机上网，如果网络不稳定，最多引起用户的不满。

人脑的反应时间一般是 10～50 ms，4G 的反应时间大概是 50 ms，而 5G，仅仅是 1 ms。低时延，也可以理解为"高灵敏度"。就是这个高灵敏度让 5G 成为自动驾驶的神助攻。自动驾驶遇到突发事件，如未能及时做出反应（如紧急刹车），那是要出人命的；还有车与车之间需要保持安全距离，车对行人及时做出反应等。车辆做出的"反应"，需要瞬间进行大量的数据处理并决策，而 5G 能同时提供大宽带、低时延和高可靠性的网络。

这三大应用场景，只有一个是主要为人联网服务的，另外两个都是主要为物联网服务的。这就给 5G 做了一个定性：它的物联网属性要强于人联网属性。

需要注意的是，三大应用场景并不是指三种不同的网络。网络只有一张，技术标准只有一种，就是 5G。

2.5.4　5G 关键技术

5G 的关键技术主要体现在无线传输技术和网络技术两个方面。

1. 无线传输技术

1）Massive MIMO（大规模多入多出）

在该技术下，基站使用几十上百根天线，波束窄，指向性传输，高增益，抗干扰，能提高频谱效率。

以前大哥大都有很长的天线，早期的手机也有凸出来的小天线，为什么现在我们的手机都没有天线了？其实，我们并不是不需要天线，而是天线变短了。根据天线特性，天线长度应与波长成正比，在 1/10～1/4 之间。手机的通信频率越来越高，波长越来越短，天线也就跟着变短。毫米波通信，天线也变成毫米级。这就意味着，天线完全可以塞进手机的里面，甚至可以塞很多根。MIMO 就是"多进多出"（multiple-input multiple-output），多根天线发送，多根天线接收。在 LTE 时代，我们就已经有 MIMO 了，但是天线数量并不算多，只能说是初级版的 MIMO。到了 5G 时代，继续把 MIMO 技术发扬光大，现在变成了加强版的 Massive MIMO。5G 系统 Massive MIMO 最大能达到 64×64 MIMO。如图 2-11 所示。

2）NOMA（non-orthogonal multiple access，非正交多址技术）

NOMA 的基本思想是在发送端采用非正交发送，主动引入干扰信息，在接收端通过串

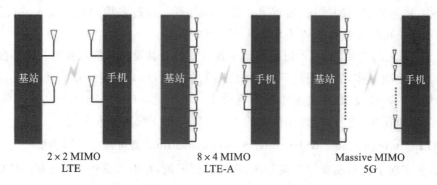

图 2-11　MIMO 的发展

行干扰删除（SIC）接收机实现正确解调。采用 SIC 技术的接收机复杂度会有一定的提高，但是可以很好地提高频谱效率。NOMA 技术的本质是用提高接收机的复杂度来换取频谱效率。NOMA 的子信道传输依然采用正交频分复用（OFDM）技术，子信道之间是正交的，互不干扰，但是一个子信道上不再只分配给一个用户，而是多个用户共享，同一子信道上不同用户之间是非正交传输（即非正交多址），这样就会产生用户间干扰问题，这也就是在接收端要采用 SIC 技术进行多用户检测的目的。在发送端，对同一子信道上的不同用户采用功率复用技术进行发送，不同的用户的信号功率按照相关的算法进行分配，这样到达接收端每个用户的信号功率都不一样。SIC 接收机再根据不同户用信号功率大小按照一定的顺序进行干扰消除，实现正确解调，同时也达到了区分用户的目的。NOMA 支持上行非调度传输，减少空口时延，适应低时延要求。

3）全双工通信技术

这是一项通过多重干扰消除实现信息同时同频双向传输的物理层技术，有望成倍提升无线网络容量。真正的全双工是同一根天线在同一个频率（信道）同一个时间进行双工通信。有时也被称为同时同频全双工，以区别于以往通信系统的全双工的概念。

4）新型调制技术：FBMC（filter-bank multicarrier 滤波器组多载波技术）

OFDM 为了多径带来的 ISI 需要引入一个比时延还长的循环前缀，但 FBMC 这个技术不需如此，FBMC 保持了符号持续时间不变，在发射及接收端添加额外的滤波器来处理时域中相邻多载波符号之间的重叠，因此大大提高了调制效率。FBMC 支持灵活的参数配置，根据需要配置不同的载波间隔，可适用于不同的传输场景。

5）新型编码技术

LDPC 编码和 polar 码，相对于 3G、4G 的 Turbo 码纠错性能高。在 3GPP R15 的讨论过程中，LDPC 码确定为 5G eMBB 场景数据信道的编码方案。而 Polar 码是目前为止唯一能够达到香农极限的编码方法。Polar 码没有误码平层，可靠性比 Turbo 码高，对于未来 5G uRLLC 等应用场景能真正实现高可靠性。5G NR 对数据信道采用的是 quasi-cyclic LDPC 码，并且为了在 HARQ 协议中使用而采用了速率匹配（rate-compatible）的结构。控制信息部分在有效载荷（payload）大于 11bit 时采用了 Polar 码。当有效载荷小于等于 11bit 时，信道编码采用的是 Reed-Muller 码。

6）高阶调制技术

5G 支持的调制更加丰富，主要有载波的相位变化、幅度不变化的 $\pi/2$-BPSK 和 QPSK 的 PSK 调制方式，还有载波的相位和幅度都变化的 16QAM、64QAM 和 256QAM 等 QAM

调制方式。

2. 网络技术

1）网络切片技术

该技术基于 NFV 和 SDN 技术,使网络资源虚拟化,对不同用户不同业务打包提供资源,优化端到端服务体验,具备更好的安全隔离特性。

2）边缘计算技术

该技术在网络边缘提供电信级的运算和存储资源,使业务处理本地化,降低回传链路能耗,减小业务传输时延。

3）面向服务的网络体系架构

5G 的核心网采用面向服务的架构来构建,资源粒度更小,更适合虚拟化。同时,基于服务的接口定义,更加开放,易于融合更多的业务。

◆ **2.5.5 5G 网络的组成**

除上述之外 5G 的核心技术还有很多,从网络组成上来看 5G 网络由核心网、回传网、无线接入网三个部分组成,每个 5G 的组成部分都包含了对应的关键技术,如图 2-12 所示。

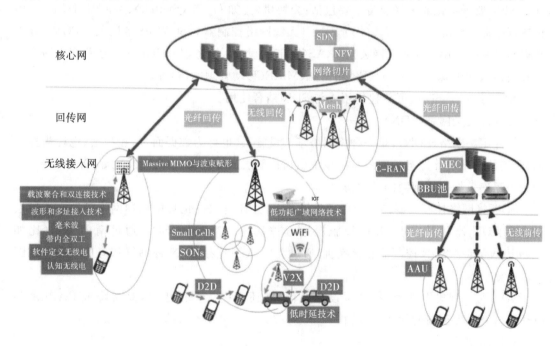

图 2-12 5G 网络的组成

1. 核心网

核心网关键技术主要包括:网络功能虚拟化(NFV)、软件定义网络(SDN)、网络切片和多接入边缘计算(MEC)。

1）网络功能虚拟化(NFV)

NFV,就是通过 IT 虚拟化技术将网络功能软件化,并运行于通用硬件设备之上,以替代传统专用网络硬件设备。NFV 将网络功能以虚拟机的形式运行于通用硬件设备或白盒之上,以实现配置的灵活性、可扩展性和移动性,并以此希望降低网络 CAPEX 和 OPEX。如

图 2-13 所示。

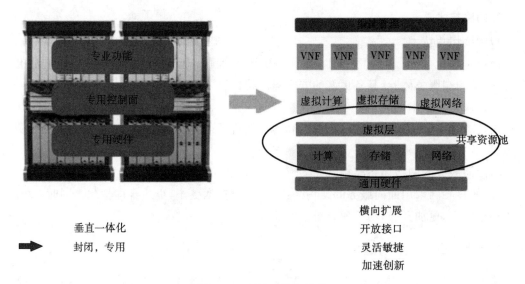

图 2-13　网络功能虚拟化

NFV 要虚拟化的网络设备主要包括：交换机（比如 Open vSwitch）、路由器、HLR（归属位置寄存器）、SGSN、GGSN、CGSN、RNC（无线网络控制器）、SGW（服务网关）、PGW（分组数据网络网关）、RGW（接入网关）、BRAS（宽带远程接入服务器）、CGNAT（运营商级网络地址转换器）、DPI（深度包检测）、PE 路由器、MME（移动管理实体）等。

NFV 独立于 SDN，可单独使用或与 SDN 结合使用。

2）软件定义网络（SDN）

软件定义网络（SDN），是一种将网络基础设施层（也称为数据面）与控制层（也称为控制面）分离的网络设计方案。网络基础设施层与控制层通过标准接口连接，比如 OpenFlow（首个用于互连数据和控制面的开放协议）。

SDN 将网络控制面解耦至通用硬件设备上，并通过软件化集中控制网络资源。控制层通常由 SDN 控制器实现，基础设施层通常被认为是交换机，SDN 通过南向 API（比如 OpenFlow）连接 SDN 控制器和交换机，通过北向 API 连接 SDN 控制器和应用程序。如图 2-14 所示。

SDN 可实现集中管理，提升了设计灵活性，还可引入开源工具，具备降低 CAPEX 和 OPEX 以及激发创新的优势。

3）网络切片

5G 网络将面向不同的应用场景，比如，超高清视频、VR、大规模物联网、车联网等，不同的场景对网络的移动性、安全性、时延、可靠性，甚至是计费方式的要求是不一样的，因此，需要将一张物理网络分成多个虚拟网络，每个虚拟网络面向不同的应用场景需求。虚拟网络间是逻辑独立的，互不影响。如图 2-15、图 2-16 所示。

只有实现 NFV/SDN 之后，才能实现网络切片，不同的切片依靠 NFV 和 SDN 通过共享的物理/虚拟资源池来创建。网络切片还包含 MEC 资源和功能。

4）多接入边缘计算（MEC）

多接入边缘计算（MEC），就是位于网络边缘的、基于云的 IT 计算和存储环境。它使数

应用层
业务应用
KPI
KPI
KPI
北向接口
控制层
网络服务
东西向接口
OpenFlow
南向接口
基础设施层
（转发层）

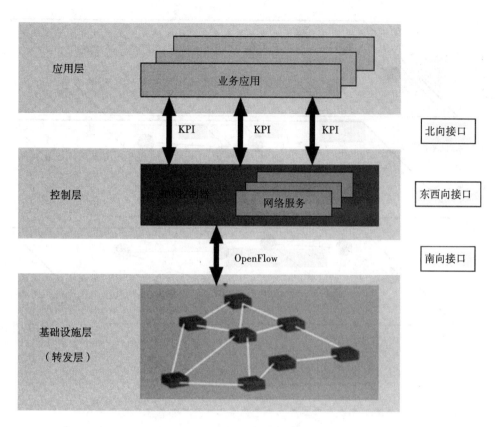

图 2-14　软件定义网络

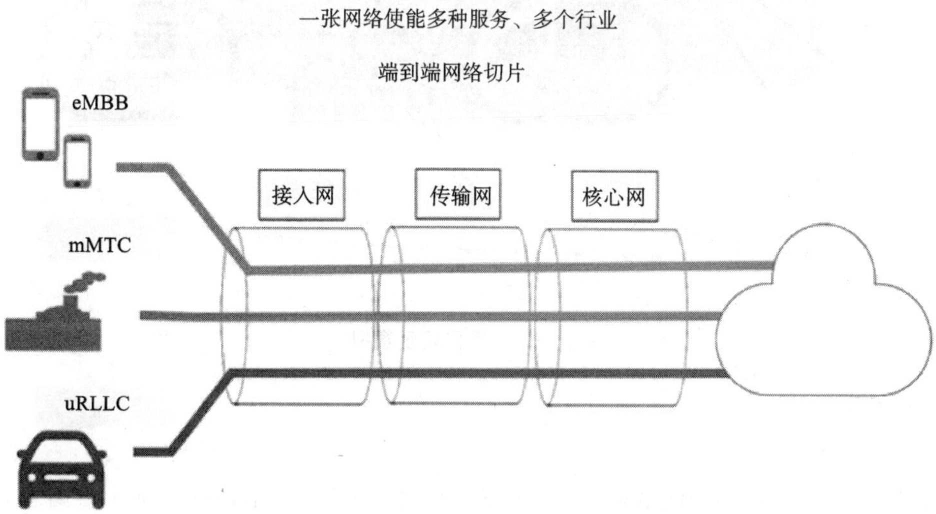

一张网络使能多种服务、多个行业
端到端网络切片
eMBB
mMTC
uRLLC
接入网
传输网
核心网

图 2-15　网络切片应用 1

据存储和计算能力部署于更靠近用户的边缘，从而降低了网络时延，可更好地提供低时延、高宽带应用。如图 2-17 所示。

MEC 可通过开放生态系统引入新应用，从而帮助运营商提供更丰富的增值服务，比如数据分析、定位服务、AR 和数据缓存等。

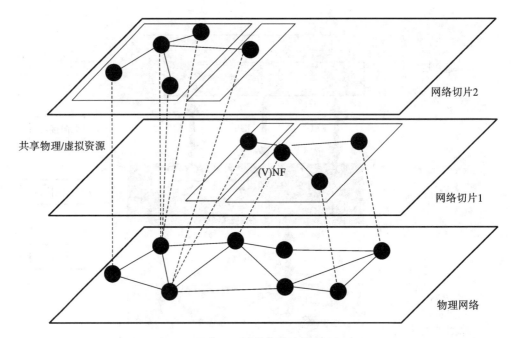

共享物理/虚拟资源

网络切片2

(V)NF

网络切片1

物理网络

图 2-16　网络切片应用 2

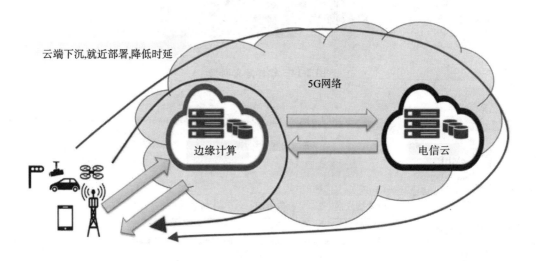

云端下沉,就近部署,降低时延

5G网络

边缘计算

电信云

图 2-17　回传网示意图

2. 回传网

1)前传技术

前传(fronthaul)指 BBU 池连接拉远 RRU 部分,如前面章节所述。前传链路容量主要取决于无线空口速率和 MIMO 天线数量,4G 前传链路采用 CPRI(通用公共无线接口)协议,但由于 5G 无线速率大幅提升、MIMO 天线数量成倍增加,CPRI 无法满足 5G 时代的前传容量和时延需求,为此,标准组织正在积极研究和制定新的前传技术,包括将一些处理能力从 BBU 下沉到 RRU 单元,以减小时延和前传容量等。

2)回传技术

回传(backhaul)指无线接入网连接到核心网的部分,光纤是回传网络的理想选择,但在光纤难以部署或部署成本过高的环境下，无线回传是替代方案，比如点对点微波、毫米波回传等，此外，无线 mesh 网络也是 5G 回传的一个选项，在 R16 里，5G 无线本身将被设计为无线回传技术，即 IAB(5G NR 集成无线接入和回传)。

3. 无线接入网

为了提升容量、频谱效率，降低时延，提升能效，以满足 5G 关键 KPI，5G 无线接入网包含的关键技术包括：C-RAN、SDR(软件定义无线电)、CR(认知无线电)、Small Cells、自组织网络、D2D 通信、Massive MIMO、毫米波、高级调制和接入技术、带内全双工、载波聚合和双连接技术、低时延和低功耗广域网络技术等。

1)云无线接入网(C-RAN)

云无线接入网(C-RAN)，将无线接入的网络功能软件化为虚拟化功能，并部署于标准的云环境中。C-RAN 概念由集中式 RAN 发展而来，目标是为了提升设计灵活性和计算可扩展性，提升能效和减少集成成本。在 C-RAN 构架下，BBU 功能是虚拟化的，且集中化、池化部署，RRU 与天线分布式部署，RRU 通过前传网络连接 BBU 池，BBU 池可共享资源、灵活分配处理来自各个 RRU 的信号。

C-RAN 的优势是，可以提升计算效率和能效，易于实现 CoMP(协同多点传输)、多 RAT、动态小区配置等更先进的联合优化方案，但 C-RAN 的挑战是前传网络设计和部署的复杂性。

2)软件定义无线电(SDR)

软件定义无线电(SDR)，可实现部分或全部物理层功能在软件中定义。需要注意软件定义无线电和软件控制无线电的区别，后者仅指物理层功能由软件控制。

在 SDR 中可实现调制、解调、滤波、信道增益和频率选择等一些传统的物理层功能，这些软件计算可在通用芯片、GPU、DSP、FPGA 和其他专用处理芯片上完成。

3)认知无线电(CR)

认知无线电(CR)，通过了解无线内部和外部环境状态实时做出行为决策。SDR 被认为是 CR 的使能技术，但 CR 包括和可使能多种技术应用，比如动态频谱接入、自组织网络、认知无线电抗干扰系统、认知网关、认知路由、实时频谱管理、协作 MIMO 等。

4)Small Cells

Small Cells，就是小基站(小小区)，相较于传统宏基站，Small Cells 的发射功率更低，覆盖范围更小，通常覆盖 10 米到几百米的范围，通常 Small Cells 根据覆盖范围的大小依次分为微蜂窝、Picocell 和家庭 Femtocell。

Small Cells 的使命是不断补充宏站的覆盖盲点和容量，以更低成本的方式提高网络服务质量。考虑 5G 无线频段越来越高，未来还将部署 5G 毫米波频段，无线信号频段更高，加之未来多场景下的用户流量需求不断攀升，后 5G 时代必将部署大量 Small Cells，这些 Small Cells 将与宏站组成超级密集的混合异构(HetNet)网络，这将为网络管理、频率干扰等带来空前的复杂性挑战。

5)自组织网络(SON)

自组织网络(SON)，指可自动协调相邻小区、自动配置和自优化的网络，以减少网络干扰，提升网络运行效率。

SON 并不是新鲜概念，早在 3G 时代就提出，但进入 5G 时代，SON 将是一项至关重要的技术。如上所述,5G 时代网络致密化给网络干扰和管理提出了空前的复杂性挑战,更需要 SON 来最小化网络干扰和管理,但即便是 SON 恐怕也难以应付超级密集的 5G 网络,因此,还需要上文提到的 CR(认知无线电)技术来帮忙。

6)设备到设备通信(D2D)

设备到设备通信(D2D),指数据传输不通过基站,而是允许一个移动终端设备与另一个移动终端设备直接通信。D2D 源于 4G 时代,被称为 LTE proximity services (ProSe)技术,是一种基于 3GPP 通信系统的近距离通信技术,主要包括两大功能:

(1)Direct discovery,直连发现功能,终端发现周围有可以直连的终端;

(2)Direct communication,直连通信,与周围的终端进行数据交互。

在 4G 时代 D2D 通信主要应用于公共安全领域,进入 5G 时代,由于车联网、自动驾驶、可穿戴设备等物联网应用将大量兴起,D2D 通信的应用范围必将大大扩展,但会面临安全性和资源分配公平性的挑战。

7)Massive MIMO

要提升无线网速,主要的办法之一是采用多天线技术,即在基站和终端侧采用多个天线,组成 MIMO 系统。MIMO 系统被描述为 $M \times N$,其中 M 是发射天线的数量,N 是接收天线的数量(比如 4×2 MIMO)。

如果 MIMO 系统仅用于增加一个用户的速率,即占用相同时频资源的多个并行的数据流发给同一个用户,称之为单用户 MIMO(SU-MIMO);如果 MIMO 系统用于多个用户,多个终端同时使用相同的时频资源进行传输,称之为多用户 MIMO(MU-MIMO),MU-MIMO 可大幅提升频谱效率。

多天线还应用于波束赋形技术,即通过调整每个天线的幅度和相位,赋予天线辐射图特定的形状和方向,使无线信号能量集中于更窄的波束上,并实现方向可控,从而增强覆盖范围和减少干扰。

Massive MIMO 就是采用更大规模数量的天线,目前 5G 主要采用的是 64×64 MIMO。Massive MIMO 可大幅提升无线容量和覆盖范围,但面临信道估计准确性(尤其是高速移动场景)、多终端同步、功耗和信号处理的计算复杂性等挑战。

8)毫米波(mmWave)

毫米波(mmWave),指 RF 频率在 $30 \sim 300$ GHz 之间的无线电波,波长范围从 1 mm 到 10 mm。5G 与 2/3/4G 最大的区别之一是引入了毫米波。毫米波的缺点是传播损耗大,穿透能力弱,毫米波的优点是带宽大、速率高,Massive MIMO 天线体积小,因此适合 Small Cells、室内、固定无线和回传等场景部署。

9)高级调制和接入技术

4G 时代采用 OFDM 技术,OFDM 具有减少小区间干扰、抗多径干扰、可降低发射机和接收机的实现复杂度,以及与多天线 MIMO 技术兼容等优点。但到了 5G 时代,由于定义了增强型移动宽带(eMBB)、海量机器通信(mMTC)和高可靠低时延通信(uRLLC)三大应用场景,这些场景不但要考虑抗多径干扰、与 MIMO 的兼容性等问题,还对频谱效率、系统吞吐量、延迟、可靠性、可同时接入的终端数量、信令开销、实现复杂度等提出了新的要求。为此,5G R15 使用了 CP-OFDM 波形并能适配灵活可变的参数集,以灵活支持不同的子载波间隔,复用不同等级和时延的 5G 业务。对于 5G mMTC 场景,由于正交多址(OMA)可能无法满足其所需的连接密度,非正交多址(NOMA)方案成为广泛讨论的对象。

10)带内全双工(IBFD)

带内全双工(IBFD),可能是 5G 时代最希望得到突破的技术之一。不管是 FDD 还是 TDD 都不是全双工,因为都不能实现在同一频率信道下同时进行发射和接收信号,而带内全双工则可以在相同的频段中实现同时发送和接收,这与半双工方案相比可以将传输速率提高两倍。

不过,带内全双工会带来强大的自干扰,要实现这一技术关键是要消除自干扰,但值得一提的是,自干扰消除技术在不断进步,最新的一些研究和实验结果已让业界看到了希望,但最大的挑战是实现复杂度和成本太高。

11)载波聚合和双连接技术

载波聚合(CA),通过组合多个独立的载波信道来提升带宽,以实现提升数据速率和容量。载波聚合分为带内连续、带内非连续和带间不连续三种组合方式,实现复杂度依次增加。

载波聚合已在 4G LTE 中采用,并且将成为 5G 的关键技术之一。5G 物理层可支持聚合多达 16 个载波,以实现更高速传输。

双连接(DC),就是手机在连接态下可同时使用至少两个不同基站的无线资源(分为主站和从站)。双连接引入了"分流承载"的概念,即在 PDCP 层将数据分流到两个基站,主站用户面的 PDCP 层负责 PDU 编号、主从站之间的数据分流和聚合等功能。

双连接不同于载波聚合,主要表现在数据分流和聚合所在的层不一样。

未来,4G 与 5G 将长期共存,4G 无线接入网与 5G NR 的双连接(EN-DC)、5G NR 与 4G 无线接入网的双连接(NE-DC)、5G 核心网下的 4G 无线接入网与 5G NR 的双连接(NGEN-DC)、5G NR 与 5G NR 的双连接等不同的双连接形式将在 5G 网络演进中长期存在。

12)低时延技术

为了满足 5G uRLLC 场景,比如自动驾驶、远程控制等应用,低时延是 5G 关键技术之一。为了降低网络数据包传输时延,5G 主要从无线空口和有线回传两方面来实现。在无线空口侧,5G 主要通过缩短 TTI 时长、增强调度算法等来降低空口时延;在有线回传方面,通过 MEC 部署,使数据和计算更接近用户侧,从而减少网络回传带来的物理时延。

13)低功耗广域网络技术(LPWA)

mMTC 是 5G 的一大应用场景,5G 的目标是万物互联,考虑未来物联网设备数量指数级增长,LPWA(低功耗广域网络)技术在 5G 时代至关重要。

一些 LPWA(低功耗广域网络)技术正在广泛部署,比如 LTE-M(也称为 CAT-M1)、NB-IoT(CAT-NB1)、Lora、Sigfox 等,功耗低、覆盖广、成本低和连接数量大,是这些技术共有的特点,但这些技术特点之间本身是相互矛盾的:一方面,我们通过降低功耗的办法,比如让物联网终端发送完数据后就进入休眠状态,比如缩小覆盖范围,来延长电池寿命(通常几年到 10 年);另一方面,我们又不得不增加每 bit 的传输功率和降低数据速率来增强覆盖范围,因此,根据不同的应用场景权衡利弊,在这些矛盾中寻求最佳的平衡点,是 LPWA 技术的长期课题。

在 4G 时代已定义了 NB-IoT 和 LTE-M 两大蜂窝物联网技术,NB-IoT 和 LTE-M 将继续从 4G R13、R14 一路演进到 5G R15、R16、R17，它们属于未来 5G mMTC 应用场景，是 5G 万物互联的重要组成部分。

14）卫星通信

卫星通信接入已被纳入 5G 标准。与 2/3/4G 网络相比，5G 是"网络的网络"，卫星通信将整合到 5G 构架中，以实现由卫星、地面无线和其他电信基础设施组成天地一体的无缝互联网络，未来 5G 流量将根据带宽、时延、网络环境和应用需求等在无缝互联的网络中动态流动。

第3章

移动通信技术

知识点

- 三种损失
- 四大效应
- 多址方式
- 切换种类

3.1 无线信道传播特点

随着现代通信的发展,尤其是移动通信这一综合利用了有线和无线的传输方式商业化后,解决了人们在活动中与固定终端或其他移动载体上的对象进行通信联络的要求,移动通信有受时空限制少和实时性好的特点,从而得到了广泛的应用和迅速发展。

移动通信以其可移动性而具有强大的生命力。由于移动通信是通过无线空间这一介质作为传播路径,这就决定了传播路径的开放性。但是也使得移动通信的无线电传播环境比有线通信更加恶劣。一方面,携带信息的电磁波的传输是扩散的;另一方面,地理环境复杂多变、用户移动随机不可预测,所有这些都造成了无线电波传输的损耗。

因此,对无线电传播环境的了解研究,对于整个移动系统的发展至关重要。基站天线、移动用户天线和这两端天线之间的传播路径,我们称之为无线移动信道。

从某种意义上来说,对移动无线传播环境的研究就是对无线移动信道的研究。

传播路径可分为直射传播和非直射传播。一般情况下,在基站和移动台之间不存在直射信号,此时接收到的信号是发射信号经过若干次反射、绕射或散射后的叠加。而在某些空旷地区或基站天线较高时可能存在直线传播路径。

由于高大建筑物或远处高山等阻挡物的存在,常常会导致发射信号经过不同的传播路径到达接收端。这就是所谓的多径传播效应(multipath propagation)。各径信号经过不同的路径到达接收端时,具有不同的时延和入射角,这将导致接收信号的时延扩展(delay spread)和角度扩展(angle spread)。

另外,移动用户在传播路径方向上的运动将使接收信号产生多普勒(Doppler)扩展效应,其结果是导致接收信号在频域的扩展,同时改变了信号电平的变化率。

归纳起来,由于地理环境的复杂性和多样性,用户移动的随机性和多径传播现象等因素的存在,使得移动通信系统的信道变得十分复杂。

总之,传播的开放性、接收环境的复杂性和通信用户的随机移动性,这三个主要特点共同构成了移动通信的主要特点。

对电磁传播的方式和损耗情况总结如下:

(1)直射波:它是指在视距覆盖区内无遮挡的传播,直射波传播的信号最强。

(2)多径反射波:指从不同建筑物或其他物体反射后到达接收点的传播信号,其信号强度次之。

(3)绕射波:从较大的山丘或建筑物绕射后到达接收点的传播信号,其强度与反射波相当。

(4)散射波:由空气中离子受激后二次发射所引起的漫反射后到达接收点的传播信号,其信号强度最弱。

上述移动信道的主要特点和电磁传播的方式特点,决定了将会对接收点产生如下的影响,归纳起来,在传播上会产生三类不同的损耗和三种效应。

◆ 3.1.1 三种损耗

1. 路径传播损耗

一般称之为衰耗,指电波在空间传播所产生的损耗。它反映出传播在宏观大范围(千米量级)的空间距离上的接收信号电平平均值的变化趋势。路径损耗在有线通信中也存在。

2. 慢衰落损耗

它是由于在电波传播路径上受到建筑物及山丘等的阻挡所产生的阴影效应而产生的损耗。它反映了中等范围内数百波长量级接收电平的均值变化而产生的损耗。一般遵从对数正态分布,其变化率较慢,所以又称为大尺度衰落。

3. 快衰落损耗

它主要是由于多径传播而产生的衰落。它反映微观小范围内数十波长量级接收电平的均值变化而产生的损耗。一般遵从 Rayleigh(瑞利)或 Rician(莱斯)分布,其变化率比慢衰耗快,所以又称为小尺度衰落。它又可以划分为空间选择性衰落、频率选择性衰落和时间选择性衰落。选择性是指在不同的空间、频率、时间,其衰落特性是不一样的。

◆ **3.1.2 四种效应**

1. 阴影效应

阴影效应是指由大型建筑物和其他物体的阻挡而形成在传播接收区域上的半盲区。

2. 远近效应

由于接收用户的随机移动性,移动用户与基站之间的距离也是在随机变化,若各移动用户发射信号功率一样,那么到达基站时信号的强弱将不同,离基站近者信号强,离基站远者信号弱。通信系统中的非线性将进一步加重信号强弱的不平衡性,甚至出现了以强压弱的现象,并使弱者,即离基站较远的用户产生掉话(通信中断)现象,通常称这一现象为远近效应。

3. 多径效应

接收者所处地理环境的复杂性,使得其接收到的信号不仅有直射波的主径信号,还有从不同建筑物反射过来以及绕射过来的多条不同路径信号。而且它们到达时的信号强度、到达时间以及到达时的载波相位都是不一样的。所接收到的信号是上述各路径信号的矢量和,也就是说各径之间可能产生自干扰,称这类自干扰为多径干扰或多径效应。这类多径干扰是非常复杂的,有时根本收不到主径直射波,收到的是一些连续反射波等。

4. 多普勒效应

它是由于接收用户处于高速移动中比如车载通信时传播频率的扩散而引起的,其扩散程度与用户运动速度成正比。这一现象只产生在高速(≥70 km/h)车载通信时,而对于通常慢速移动的步行和准静态的室内通信,则不予考虑。

3.2 蜂窝系统

蜂窝是一种构成无线电话网的方式。蜂窝的概念是 20 世纪 70 年代贝尔实验室提出的,它是指同一频率被相距足够远的几个基站使用,增加系统容量。

无线移动传输的传统方法借鉴于广播和电视,在覆盖区域的中心设置具有较高天线的大功率的发射机以将信号发射至整个区域。这种方式可以覆盖较大区域,达几十千米,但单个无线发射机只能到达一定的区域,这就很难适应大区域通信的要求。同时这也意味着在此区域内有限的可供使用的信道,在呼叫量并不多时就被堵塞。1970 年纽约市开通的大区制贝尔移动通信系统,提供 12 对信道,即仅能同时提供 12 个用户同时通话,当出现第 13 个呼叫就被堵塞。而纽约市面积达一千多平方英里,当时人口有两千万,作为公用系统来说,其容量远远不够。大区制是指一个基站覆盖整个服务区。为了增大通信用户量,大区制通信网只有增多基站的信道数,但这总是有限的。因此,大区制只能适用于小容量的通信网。

蜂窝概念是解决频率不足和用户容量问题的重大突破。其思想是将整个服务区划分为若干个无线区,每个小无线区分别设置一个基地台负责本区的移动电话通信的联络和控制。实现小区间移动台通信又可在移动电话交换局的统一控制之下。每个小区使用一组频道,邻近小区使用不同的频道。由于小区内基地台服务区域缩小,在整个服务区中,同一组频道可以多次重复使用,因而大大提高频率利用率。另外在区域内可根据用户的多少确定小区的大小。小区发射机发射功率可提供本小区边缘的用户通信需要,小区的半径大至数十千米,小至几百米,在实际中,小区覆盖不是规则形状的,确切的小区覆盖取决于地势和其他因素,为设计方便,我们做一些近似,假定覆盖区为规则的多边形,如全向天线小区,覆盖面积近似为圆形,为获得全覆盖,无死角,小区面积多为正多边形,如正三角形、正四边形、正六角型,采用正六角型有两个原因:第一,正六角型的覆盖需要较少的小区,较少的发射站;第二,正六角型小区覆盖相对于四边形和三角形费用小。

随着用户数目的增加,小区可以继续缩小,即"小区分裂"可使用户量大大增加,因此小区制具有较好的灵活性。除此之外,由于基地台服务区域缩小,移动台和基地台的发射功率减少,同时也减少了电台之间的相互干扰。但是,在这种结构中,移动用户在通话过程中,从一个小区转入另一个小区的概率增加,移动台需要经常更换工作频道,而且,由于增加了基地台的数目,所以带来了控制交换复杂等问题,建网的成本也高。因此这种体制对于用户量较大的公用移动通信系统来说是适用的。目前,由于技术的发展,在移动电话系统中使用计算机或微处理机进行控制,不仅技术上是可能的,而且经济上也是现实的。图 3-1 所示为蜂窝系统示意图。

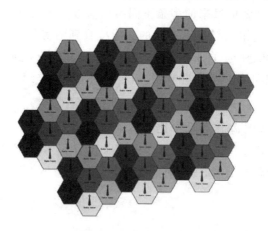

图 3-1　蜂窝系统示意图

3.3　频段拍卖

"21 世纪什么最贵?""人才。"这是电影《手机》里的一段台词。用在通信行业里,答案应该是"频率"。

2008 年,美国联邦通信管理局主办的 700 MHz 频段无线频率牌照拍卖,在经过 38 天 261 轮竞价后,于当年 3 月 19 日正式结束,电信运营商 Verizon 无线和 AT&T 成为赢家,而谷歌(Google)则空手而归。

此次竞价总额为 196 亿美元,这也是美国有史以来收入最高的一次频率资源拍卖。

AT&T 将为拍得的频段支付 60 亿美元,Verizon 无线也花费 90 亿美元。两家公司将把新获得的频段用于增强现有语音和数据服务以及支持新一代无线技术。

联邦通信委员会官员称,Verizon 无线公司以 47.4 亿美元的投标价成功投得了大的全国频段,谷歌因为出价比这个价格低 0.3 亿美元而被淘汰。虽然没能打破电信运营商的"垄断",但谷歌通过竞价激活了 C 频段的开放网络政策。

谷歌参加此次竞拍的目的是确保 C 频段能够建设一个开放网络。根据美国联邦通信委员会的规定,如果 C 频段的竞价超过 46 亿美元,将会激活开放网络政策。根据开放网络政策,这一频段上建设的移动网络必须向所有的业务和所有的手机开放。运营商不得像过去那样捆绑服务和手机。

2010 年 4 月 12 日,德国电信局开始拍卖第四代移动通信频段(4G),成为欧洲首个拍卖第四代移动通信频段的国家,这也意味德国居民将领先于其他国家,率先享受到第四代移动通信所带来的高速移动体验。此次第四代移动通信频段拍卖在西部城市美因茨进行,供拍卖的频段是电视公司从模拟信号转播转向数字转播后空余出来的。

参与此次竞拍的企业包括英国的沃达丰公司和 O2 公司、德国电信公司下属的 T-Mobile 公司及荷兰皇家 KPN 电信公司下属的 E-Plus 公司。由于频谱资源非常缺乏,需求远大于供给,这些企业对频段的竞争将非常激烈。经过 27 天 224 轮的角逐,德国 4G 频谱拍卖终于结束,政府从中获得近 44 亿欧元的收益。

此次 LTE 频谱拍卖报出最高价的是沃达丰德国公司,12 组频谱报出 14.2 亿欧元;紧随其后的是西班牙电信旗下 O2,11 组频谱报 13.8 亿欧元;德国电信 10 组频谱报价为 13 亿欧元;荷兰皇家电信 KPN 旗下 E-Plus 为 8 组频谱报价 2.839 亿欧元。

由此,我们知道频段是如此的珍贵,以至于我们的无线系统大多关键技术都是为了提高频谱的利用率,比如下面将要介绍的多址技术也是一种提高频谱利用率的方式。

3.4 多址方式

在蜂窝式移动通信系统中,有许多用户台要同时通过一个基站和其他用户台进行通信,因而必须对不同用户台和基站发出的信号赋予不同的特征,使基站能从众多用户台的信号中区分出是哪一个用户台发出来的信号,而各用户台又能识别出基站发出的信号中哪个是发给自己的信号,解决这个问题的办法称为多址技术。无线多址通信是指:在一个通信网内各个通信台、站共用同一个指定的射频频道,进行相互间的多边通信,也称该通信网为各用户间的多元连接。

有差别才能进行鉴别,能鉴别才能进行选择。多址技术的基础是信号特征上的差异。一般来说,信号的这种差异可以表现在某些参数上,例如信号的工作频率、信号的出现时间以及信号具有的特定波形等。其要求是各信号的特征彼此独立,或者说正交,或者说任意两个信号波形之间的互相关联函数等于 0 或接近于 0。

多址方式的基本类型有频分多址(FDMA)、时分多址(TDMA)、码分多址(CDMA)。实际中也常用到其他一些多址方式,其中也包括这三种基本多址方式的混合多址方式,比如时分多址/频分多址(TDMA/FDMA)、码分多址/频分多址(CDMA/FDMA)等。

多址与多路传输并不是一回事,虽然两者都利用信道复用,但前者属于射频信道复用,后者属于基带信道复用。

选择什么样的多址方式取决于通信系统的应用环境和要求。就数字式蜂窝移动通信网络而言,由于用户数和通信业务量剧增,一个突出的问题是在频率资源有限的条件下,如何提高通信系统的容量。因为多址方式直接影响蜂窝通信系统的容量。因而采用什么样的多址方式,更有利于提高这种通信系统的容量,一直是人们非常关心的问题,也是研究和开发移动通信的热门课题。下面就介绍一下几种多址方式的基本概念,并着重介绍码分多址的基本原理。

◆ 3.4.1 频分多址

FDMA(frequency division multiple access,频分多址)是数据通信中的一种技术,即不同的用户分配在时隙相同而频率不同的信道上。按照这种技术,把在频分多路传输系统中集中控制的频段根据要求分配给用户。同固定分配系统相比,频分多址使通道容量可根据要求动态地进行交换。如图 3-2 所示。

FDMA 系统中,分配给用户一个信道,即一对频谱,一个频谱用作前向信道即基站向移动台方向的信道,另一个则用作反向信道即移动台向基站方向的信道。这种通信系统的基站必须同时发射和接收多个不同频率信号,任意两个移动用户之间进行通信都必须经过基站的中转,因而必须同时占用 2 信道(2 对频谱)才能实现双工通信。

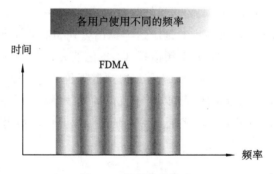

图 3-2　频分多址技术

以往模拟通信系统一律采用 FDMA。频分多址(FDMA)是采用调频的多址技术。业务信道在不同的频段分配给不同的用户,如 TACS 系统、AMPS 系统等。频分多址是把通信系统的总频段划分成若干个等间隔的频道(也称信道),分配给不同的用户使用。这些频道互不交叠,其宽度应能传输一路数字话音信息,而在相邻频道之间无明显的串扰。

◆ 3.4.2 时分多址

TDMA(time division multiple access,时分多址):把时间分割成周期性的帧(frame),每一帧再分割成若干个时隙向基站发送信号,在满足定时和同步的条件下,基站可以分别在各时隙中接收到各移动终端的信号而不混扰。同时,基站发向多个移动终端的信号都按顺序安排在预定的时隙中传输,各移动终端只要在指定的时隙内接收,就能在合路的信号中把发给它的信号区分并接收下来。如图 3-3 所示。

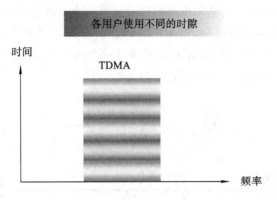

图 3-3 时分多址技术

第二代移动通信标准 GSM 和 D-AMPS 系统使用的就是时分多址方式。

3.4.3 码分多址

CDMA(code division multiple access,码分多址)是在数字通信技术的分支扩频通信的基础上发展起来的一种技术。就是用具有噪声特性的载波以及比简单点到几点通信所需带宽宽得多的频带去传输相同的数据。如图 3-4 所示。

在 CDMA 技术中,根据业务的需要,给每个用户分配一个或者一些相互独立的码字。在某些特定情况下,一个用户可以拥有几个码字。因此用户的区分并不是基于频率或时间,而是基于码字。实际上,这些码字就是一些非常长的比特序列,其速率要远高于原始信息的比特速率。

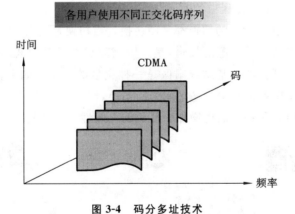

图 3-4 码分多址技术

第二代移动通信标准的 CDMA IS95 以及第三代移动通信标准(WCDMA、CDMA2000、TD-SCDMA)使用的都是码分多址接入技术。

3.5 切换技术

切换(hand over)是指在移动通信的过程中,在保证通信不间断的前提下,把通信的信道从一个无线信道转换到另一个无线信道的这种功能。这是移动通信系统不可缺少的重要功能。

用户在通话过程中,从一个基站覆盖区移动到另一个基站覆盖区时,或由于受到外界的干扰或其他原因使通信质量下降时,使用中的话音信道就会自动发出一个请求转换信道的信号,通知移动通信业务交换中心,请求转换到另一个覆盖区基站的信道上去,或是转换到另一条接收质量较好的信道上,以保证正常的通信。如图 3-5 所示。

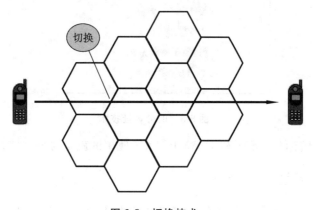

图 3-5　切换技术

信道切换的方式可分为硬切换、软切换以及接力切换。

◆ 3.5.1　硬切换

如图 3-6 所示,硬切换是在不同频率的基站或覆盖小区之间的切换。这种切换的过程是移动台(手机)先暂时断开通话,在与原基站联系的信道上,传送切换的信令,移动台自动向新的频率调谐,与新的基站接上联系,建立新的信道,从而完成切换的过程。简单来说就是"先断开、后切换",切换的过程中约有 1/5 秒时间的短暂中断。这是硬切换的特点。在 FDMA 和 TDMA 系统中,所有的切换都是硬切换。当切换发生时,手机总是先释放原基站的信道,然后才能获得新基站分配的信道,是一个"释放建立"的过程,切换过程发生在两个基站过渡区域或扇区之间,两个基站或扇区是一种竞争的关系。如果在一定区域里两基站信号强度剧烈变化,手机就会在两个基站间来回切换,产生所谓的"乒乓效应"。这样一方面给交换系统增加了负担,另一方面也增加了掉话的可能性。

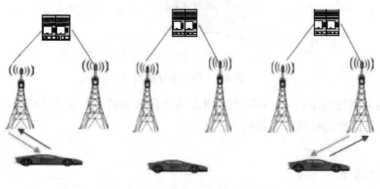

图 3-6　硬切换

现在我们广泛使用的"全球通(GSM)"系统就是采用这种硬切换的方式。因为原基站和移动到的新基站的电波频率不同,移动台在与原基站的联系信道切断后,往往不能马上建立新基站的新信道,这时就出现一个短暂的通话中断时间。在"全球通"系统中,这个时间大约是 200 ms。它对通话质量有点影响。

3.5.2 软切换

如图 3-7 所示,软切换是发生在同一频率的两个不同基站之间的切换。在码分多址(CDMA)移动通信系统中,采用的就是这种软切换方式。当一部手机处于切换状态下同时将会有两个甚至更多的基站对它进行监测,系统中的基站控制器将逐帧比较来自各个基站的有关这部手机的信号质量报告,并选用最好的一帧。可见 CDMA 的切换是一个"建立-比较-释放"的过程,我们称这种切换为软切换,以区别于 FDMA、TDMA 中的切换。软切换可以是同一基站控制器下的不同基站或不同基站控制器下不同基站之间发生的切换。所谓软切换,就是在移动台进入切换过程时,与原基站和新基站都有信道保持着联系,一直到移动台进入新基站覆盖区并测出与新基站之间的传输质量已经达到指标要求时,才把与原基站之间的联系信道切断。简单来说,软切换的特点是"先切换、后断开"。这种切换方式是在与新基站建立联系信道后,才断开与原基站的联系信道,因此在切换过程中没有中断的问题,对通信质量没有影响。

图 3-7 软切换

由于软切换是在频率相同的基站之间进行的,因此当移动台移动到多个基站覆盖区交界处时,移动台将同时和多个基站保持联系,起到业务信道分集的作用,加强了抗衰落的能力,因而不可能产生"掉话"。即使当移动台进入了切换区而一时不能得到新基站的链路,也进入了等待切换的队列,从而减少了系统的阻塞率。因此也可以说,软切换是实现了"无缝"的切换。

CDMA 通信系统中的跨频切换、跨 BSC 切换也是硬切换。

3.5.3 接力切换

接力切换是一种改进的硬切换技术,可提高切换成功率,与软切换相比,可以克服切换时对邻近基站信道资源的占用问题,能够使系统容量得以增加。在接力切换过程中,同频小区之间的两个小区的基站都将接收同一终端的信号,并对其定位,将确定可能切换区域的定位结果向 RNC 报告,完成向目标基站的切换。所以,所谓接力切换是由 RNC 判定和执行,不需要基站发出切换操作信息。接力切换可以使用在不同载波频率的 TD-SCDMA 基站之间,甚至能够使用在 TD-SCDMA 系统与其他移动通信系统(如 GSM、CDMA IS 95 等)的基站之间。如图 3-8 所示。

图 3-8 TD-SCDMA 特有的接力切换技术

3.6 拓展阅读:中国通信发展

成立于 1985 年的中兴通讯正在一步步向成为世界级卓越通信企业的目标靠近。以中兴通讯为代表的中国通信设备企业正在改变全球通信业格局,并推动和引领世界通信行业的演进。

目前,中兴通讯在全球 96 个国家设有代表处,业务覆盖 120 多个国家和地区,在美国、印度、瑞典等国家设立了 15 个研究中心,在俄罗斯、法国、埃及等国家建立了 9 个海外培训中心。

目前,中兴通讯在 3G(包括 WCDMA、CDMA2000、TD-SCDMA)、NGN、数字集群、核心路由器、宽带数据、光传输等技术领域均已达到国际先进水平。同时,在技术与市场的结合能力以及应用方面,中兴通讯甚至已经超越了部分欧美厂商。

1985 年,由 691 厂、长城工业深圳分公司和香港运兴电子贸易公司共同出资成立深圳市中兴半导体有限公司,注册资金 280 万元人民币。初期,依靠开展来料加工业务获取原始积累,先后组装过电话机、电子琴、冷暖风机等产品。后来,中兴通讯看到了通信行业大发展的机遇,选择了通信行业,选择了自主研发之路。当时,国内以电话为主的通信行业正在大发展,但全被国外厂商所占据,只有农话市场还是空白,中兴通讯就依靠农话市场迅猛发展。1992 年,代理交换机行业竞争加剧,国内没有自主研发积累的 200 多家小型交换机企业由于没有自主技术纷纷倒闭。在中兴通讯的发展初期,依靠自主研发获得了"生存权"。

1994 年,GSM 数字移动电话试验网在北京、上海、广州开始建设,移动通信建设正式开始。1996 年,中兴提出战略上的"三个转变":产品结构从单一的交换机设备向多元化产品转变;目标市场从农话市场向本地网、市话网扩展;由国内市场向国际市场拓展。研发力度显著加大,筹备向移动产品、芯片等领域进军,整体实力增强。在移动产品等研发上的投入加大和 1996 年确立的战略转变,促使中兴通讯成为一个具有较强自主研发能力的知名通信企业。

从技术追随到自主创新,中兴通讯已经在 3G、NGN、数字集群、CDMA 等多个领域跻身国际先进行列。在科学、合理的研发体系基础上,中兴通讯已经由技术追随者,成长为多个领域的领先者。同时,中兴通讯亦大力推动中国 3G 标准的研发和产业化。从 2001 年开始启动产品预研以来,中兴通讯一直坚持对 TD-SCDMA 的投入。中兴通讯抢占了市场先机并被业内誉为最具实力的 TD-SCDMA 厂商。在 WCDMA 方面,中兴通讯同样取得了可观的市场业绩。

面对国内手机市场整体技术含量不足的状况,中兴通信坚持以市场为导向、核心技术为基础的策略。中兴在国内手机厂商当中是以"技术实力出众"为鲜明特色的极少数厂商之一,通过差异化创新获得市场优势。今天,中兴通讯是全球唯一一家有能力同时研发、制造3G、GSM、CDMA、小灵通四大领域全系列手机的高科技企业。在最令人关注的 3G 及3.5G 终端领域,中兴通讯几种制式都投入力量进行研发,并拥有数个全球第一。

中兴通讯的国际化战略,最早是在开拓中国国内市场,由农话市场进军市话市场的时期确定的。当时中兴通讯之所以做出这样的决定,是基于两方面考虑:其一是认识到自己面对的都是北电、朗讯这些国际巨头,如果仅仅局限于国内市场,就不能和竞争对手一样在全球范围配置资源,取得全面竞争优势;其二是在当时就认识到国际化是中国企业的必由之路,晚走出去不如早走出去。

事实也证明,在中国 IT 和通信企业中率先"走出去",为中兴通讯最大限度缩小与跨国厂商的差距、在国际市场的竞争中掌握主动权赢得了先机。在持续 10 多年国际化的发展历程中,中兴通讯大致经历了"四个阶段":

第一阶段从 1995 年到 1997 年,是海外探索期。在此阶段,中兴通讯确立了进军国际市场的大战略并有少量产品在海外市场实现突破。

第二阶段从 1998 年到 2001 年,是规模突破期。在此阶段,中兴通讯开始进行大规模海外电信工程承包并将多元化的通信产品输出到国际市场。

第三阶段从 2002 年到 2004 年,是全面推进期。中兴通讯国际化战略开始在市场、人才、资本等三个方面全方位实现推进。

第四阶段从 2005 年开始为高端突破期。中兴通讯通过借助有效实施"本地化"以及"MTO(按单生产)"战略,通过和全球跨国运营商开展全面、深入的合作,实现对西欧、北美等发达市场的全面突破。

伴随国际战略向发达国家突破的思路,2006 年,中兴通讯将其定义为"MTO 拓展年",开始实现从新兴市场、地方运营商市场向发达国家、跨国运营商市场的跨越,采取在销售体系内部特别设立"MTO 部",以促进快速集中公司资源,实现与客户和分支国家的一体化全方位运作与互动,快速响应客户需要,从而提升与运营商总部和分支国家的客户关系。这些战略的实施进一步推进了中兴通讯的国际销售收入增长及高端市场突破。

中兴通讯最初所具备的强大生命力,首先要归功于其在上市前独特的"国有民营"体制,这最早得从中兴通讯历史上的三次产权改革说起。中兴通讯历史上第一次大的产权改革发生在 1985 年,中兴通讯前身——深圳中兴半导体有限公司成立,由航天系统的 691 厂和香港运兴电子贸易公司及另外一家国有企业三家联合投资组成。1993 年,公司进行重组,由两家国有股东——691 厂和深圳广宇工业(集团)公司控股,与民营高科技企业——深圳中兴维先通设备有限公司共同投资组建了深圳中兴新通讯设备有限公司。这是中兴历史上第二次产权改革。第三次产权改革就是挂牌上市。1997 年 10 月深圳中兴新通讯设备有限公司改组为深圳市中兴通讯股份有限公司,并在深交所上市。上市后形成了国有法人控股、多元化经济成分并存的所有制结构。企业进一步建立和完善了规范的股份公司法人治理结构,并进行了企业管理制度上的一系列创新。

第4章

信道的基础知识

知识点
- 信道分类
- 分集技术
- 同步技术

4.1 信道的基本概念

◆ 4.1.1 信道的定义

信道,通俗来说,是指以传输媒质为基础的信号通路。具体来说,信道是指由有线或无线电线路提供的信号通路。信道的作用是传输信号,它提供一段频带让信号通过,同时又给信号加以限制和损害。

◆ 4.1.2 信道的分类

信道可大体分成狭义信道和广义信道。

1. 狭义信道

狭义信道是指在发端设备和收端设备中间的传输媒介,它包括有线信道和无线信道。

2. 广义信道

广义信道通常也可分成两种:调制信道和编码信道。

◆ 4.1.3 信道的数学模型

调制信道的范围是从调制器输出端到解调器输入端。通常它具有如下性质:

(1)有一对(或多对)输入端和一对(或多对)输出端;

(2)绝大部分信道都是线性的,即满足叠加原理;

(3)信号通过信道会出现迟延时间;

(4)信道对信号有损耗,它包括固定损耗或时变损耗;

(5)即使没有信号输入,在信道的输出端仍可能有一定的功率输出(噪声)。

◆ 4.1.4 网络通信传输介质分类

1. 光纤

光纤是光导纤维的简写,是一种利用光在玻璃或者塑料制成的纤维中的全反射原理而达成的光传导工具。图 4-1 所示为各种形式的光纤接头。图 4-2 所示为各种类型的光纤连接器。

2. 同轴电缆

同轴电缆是由一根空心的外圆柱导体及其所包围的单根内导线所组成。柱体同导线用绝缘材料隔开,其频率特性比双绞线好,能进行较高速率的数据传输,它的屏蔽性能好,抗干扰能力强,通常多用于基带传输。

3. 双绞线

双绞线的名称源自通信中所使用的铜导线通常是采用缠绕捆绑在一起的双绞方式。根据电磁学原理,采用双绞方式缠绕捆绑的导线可以较好地抵御环境中电磁辐射对导线中传递的电流、电压的干扰。

双绞线由绞合在一起的一对导线组成,具有较强的抗干扰能力。双绞线的主要缺点是

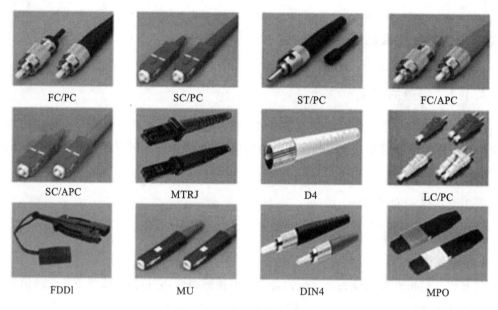

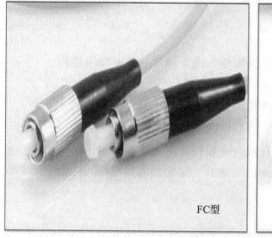
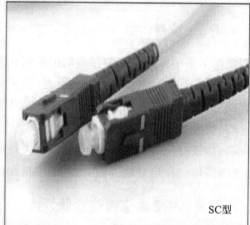

图 4-1　各种形式的光纤接头

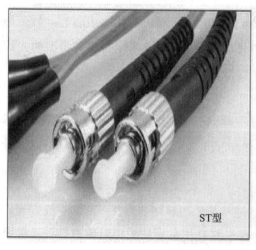
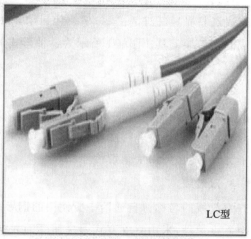

图 4-2　各种类型的光纤连接器

不适于远距离传输。

许多对位于同一保护套内相互绝缘的双绞线可以构成对称电缆。对称电缆的传输损耗比明线大得多,但其传输特性比较稳定。

4.2 信道与噪声及同步系统

4.2.1 信道与噪声

1. 加性噪声

根据信道中加性噪声的来源不同,可以粗略地将其分为以下四类。

1) 无线电噪声

来源:无线电发射机。

特点:频率范围广,干扰频率固定,可预先防止该噪声。

2) 工业噪声

来源:各种电气设备。

特点:干扰频谱集中在低频,选择高于该频段的信道可防止该噪声。

3) 天电噪声

来源:宇宙空间。

特点:频谱范围广,频率不固定,夏天比冬天严重,赤道比两极严重,很难防止。

4) 内部噪声

来源:信道本身的各种电子器件。

特点:过程随机,也称为起伏噪声。

2. 信道中的噪声

1) 白噪声

定义:白噪声是指它的功率谱密度函数在整个频域内是常数,即服从均匀分布。

2) 高斯型白噪声

定义:噪声的概率密度函数满足正态分布统计特性,同时它的功率谱密度函数是常数的一类噪声。

4.2.2 随参信道及其对所传信号的影响

随参信道典型的传输媒质:电离层反射、对流层散射等。

随参信道传输媒质的特点具体如下。

(1) 信号的衰耗随时间随机变化。

(2) 信号传输的时延随时间随机变化。

(3) 多径传播。

多径传播指由发射点出发的电波可能经过多条路径到达接收点,所以接收信号将是衰减和时延随时间变化的各路径信号的合成。

4.2.3 随参信道对信号传输的影响

1.无线信号衰落的种类

(1)自然衰落(路径衰落、大尺度衰落);

(2)阴影衰落(中尺度衰落);

(3)瑞利衰落(小尺度衰落);

(4)频率选择性衰落。

两条路径传播时选择性衰落特性如图 4-3 所示。

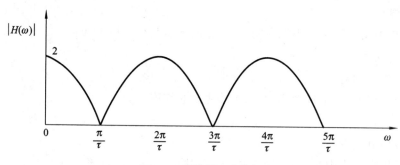

图 4-3 选择性衰落特性

2.随参信道特性的改善

对于慢衰落,主要采取加大发射功率和在接收机内采用自动增益控制等技术和方法即可。

对于快衰落,通常可采用多种措施,例如,各种抗衰落的调制/解调技术、抗衰落接收技术及扩频技术等。其中明显有效且常用的抗衰落措施是分集接收技术。

1)分集接收的基本思想

基本思想:如果能在接收端同时获得几个不同的合成信号,并将这些信号适当合并构成总的接收信号,将有可能大大减小衰落的影响。

要求:只有被分集的几个合成信号之间是统计独立的,合并后才能使系统性能改善。

分集的含义:分散得到几个合成信号、集中处理这些信号。

2)分散得到合成信号的方式

为了获取互相独立或基本独立的合成信号,大致有如下几种分集方式。

(1)空间分集;

(2)频率分集;

(3)角度分集;

(4)极化分集。

3)同步的概念

同步是指通信系统的收、发双方在时间上步调一致。同步是进行信息传输的必要前提。同步性能的好坏直接影响着通信系统的性能。同步系统应具有比信息传输系统更高的可靠性和更好的质量指标,如同步误差小、相位抖动小以及同步建立时间短、保持时间长等。

(1)同步的分类。

按照传输同步信息方式的不同,把同步分为外同步法(插入导频法)和自同步法(直接法)两种。

在通信系统中,通常都是要求同步信息传输的可靠性高于信号传输的可靠性。

按照同步的功用来区分,有载波同步、位同步、群同步、和网同步等四种。

(2)载波同步技术。

①直接法(自同步法)。

直接法如图 4-4 所示。

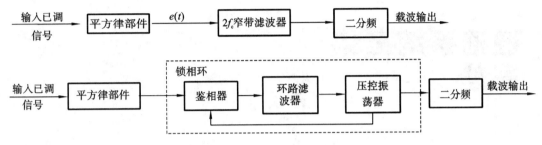

图 4-4　直接法

②同相正交环法(科斯塔斯环)。

同相正交环法如图 4-5 所示。

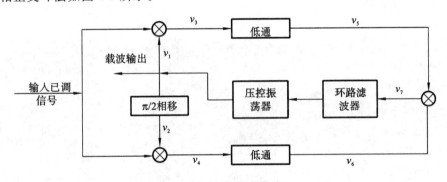

图 4-5　同相正交环法

③插入导频法。

插入导频法的形式是使数字信号的包按位同步信号的某种波形变化。

第5章

通信系统工作原理

知识点

- 调制技术
- 复用技术
- 基带信号

5.1 调制的分类

调制的方式分为模拟调制和数字调制。

模拟调制和数字调制,根据调制信号的种类进行划分。其中,模拟调制可分为正弦波调制和脉冲调制;数字调制可分为幅度键控 ASK、相位键控 PSK、频移键控 FSK。两者相比,数字调制的优势更多。

5.2 数字传输系统

通信系统可以分为模拟通信系统和数字通信系统两类,传输模拟语音信号常用脉冲编码调制(PCM)和增量调制。

5.2.1 时分复用和多路数字电话系统

所谓多路复用是指在同一个信道上同时传输多路信号而互不干扰的一种技术。最常用的多路复用方式是频分复用(FDM)、时分复用(TDM)和码分复用(CDM)。按频段区分信号的方法叫频分复用;按时隙区分信号的方法叫时分复用;按相互正交的码字区分信号的方法叫码分复用。

传统的模拟通信中都采用频分复用;随着数字通信的发展,时分复用和码分复用通信系统的应用越来越广泛。

时分复用(TDM)是建立在抽样定理基础上的。抽样定理指明:满足一定条件下,时间连续的模拟信号可以用时间上离散的抽样脉冲值代替。因此,如果抽样脉冲占据较短时间,在抽样脉冲之间就留出了时间空隙,利用这种空隙便可以传输其他信号的抽样值。时分复用就是利用各路信号的抽样值在时间上占据不同的时隙,来达到在同一信道中传输多路信号而互不干扰的一种方法。

与频分复用相比,时分复用具有以下的主要优点:

(1)TDM 多路信号的合路和分路都是数字电路,比 FDM 的模拟滤波器分路简单、可靠。

(2)信道的非线性会在 FDM 系统中产生交调失真和多次谐波,引起路间干扰,因此 FDM 对信道的非线性失真要求很高。而 TDM 系统的非线性失真要求可降低。

5.2.2 数字光纤通信系统

数字光纤通信是以光信号运载数字信息,以光导纤维为传输媒介的一种通信方式。

数字光纤通信系统由光发送机、光纤和光接收机构成。光发送机和光接收机统称为光端机。电端机通常是指 PCM 基群或高次群设备。

1. PCM 电端机

PCM 电端机主要用来对用户话音进行数字编码,组成复用帧,形成不同等级速率的数字信号流送至光端机。

2. 光发送设备

有源器件把数字脉冲电信号转换为光信号(E/O 变换)后,送到光纤中传输。在光接收设备中设有光检测器件,将接收到的光信号转换为电的数字脉冲信号(O/E 变换)。

3. 光中继

光信号经过长距离的传输后会衰减,可采用光中继设备,将信号再生放大后传输。

4. 光发送机

光发送机主要由均衡放大电路、码型变换电路、扰码电路、光发送电路等组成。

1)均衡放大电路

PCM 电端机与光发送机之间的传输电缆的衰减与频率平方成正比。由于连接电缆对各频率衰减量的不同,引起输入口信号的幅度和波形发生变化,需由均衡放大电路来补偿。均衡放大电路实际上是利用 RC 均衡网络和放大器补偿传输电缆对不同频率产生的衰减和畸变。

2)码型变换电路

光发送机输入接口把来自 PCM 的 HDB3 或 CMI 接口码变换成单极性码,以便在光端机内进行扰码、线路编码和光调制。

3)时钟提取电路

时钟提取电路从均衡放大后的 PCM 码流中提取时钟,用于码型变换、扰码、线路编码。

4)复用

复用是指将多个低速率信道和开销信息合用到一个高速率信道的过程,例如将 4 个 155 Mb/s 的 STM-1 系统复用为一个 622 Mb/s 的 STM-4 系统。

5)扰码电路

扰码电路对发送的信息码流进行处理,使码流中"0"和"1"的数量大致相等,破坏过长的连"0"和连"1"码流。经扰码的码流较好地携带时钟,有利于接收端对时钟信号的提取,使主从时钟同步;经过扰码,使光源组件发光和不发光的概率大致相等,较好地保护了光源组件。

6)光发送电路

光发送电路的作用是把电信号变换成光信号,并耦合到光纤中传输。

(1)光发送电路的组成。

光发送电路主要包括波形预处理、光源驱动、光功率自动控制(APC)、光源工作温度自动控制(ATC)、光源组件、告警等部分。

(2)光源组件。

光源组件的作用是产生作为光载波的光信号。光源组件采用 LD(激光器)和 LED(发光二极管)。

(3)光调制。

电信号变换成光信号称为光调制,使光源发出的光信号按输入电信号的规律变化。

5.3 基带信号

1. 基带信号的要求

(1)对各种代码的要求,期望将原始信息符号编制成适合于传输用的码型;

(2)对所选的码型的电波形的要求,期望电波形适宜于在信道中传输。

2. 设计数字基带信号码型时应考虑的原则

(1)码型中应不含直流或低频分量尽量少;

(2)码型中高频分量尽量少;

(3)码型中应包含定时信息;

(4)码型具有一定的检错能力;

(5)编码方案对发送消息类型不应有任何限制,即能适用于信源变化;

(6)低误码增殖;

(7)高的编码效率;

(8)编译码设备应尽量简单。

3. 数字基带信号码型

(1)单极性不归零(NRZ)码;

(2)双极性不归零(BNRZ)码;

(3)单极性归零(RZ)码;

(4)双极性归零(BRZ)码;

(5)差分码;

(6)AMI 码;

(7)HDB3 码;

(8)Manchester 码;

(9)CMI 码;

(10)多进制码。

第6章
WiFi通信技术

知识点
- 技术介绍
- 网络安全策略

6.1 WiFi 技术介绍

随着互联网的迅速发展与普及,特别是各种便携式通信设备以及各种家用电器设备的迅速增加,人们在无线通信领域对短距离通信提出了更高的要求。于是,许多短距离无线通信技术开始应运而生,以 802.11b 协议为基础的 WiFi 技术便是其中热点,被认为是无线宽带发展的新方向,如图 6-1 所示。

图 6-1　WiFi

WiFi 是 IEEE 定义的一个无线网络通信的工业标准(IEEE 802.11),也可以看作是 3G 技术的一种补充。WiFi 技术与蓝牙技术一样,同属于在办公室和家庭中使用的无线局域网通信技术。WiFi 是一种短程无线传输技术,能够在数百英尺范围内支持互联网接入无线电信号。它的最大优点是传输速度较快,在信号较弱或有干扰的情况下,带宽可调整,有效地保障了网络的稳定性和可靠性。但是随着无线局域网应用领域的不断拓展,其安全问题也越来越受到重视。

6.1.1　WiFi 技术

WiFi(wireless fidelity)俗称无线宽带,又叫 802.11b 标准,是 IEEE 定义的一个无线网络通信的工业标准。IEEE802.11b 标准是在 IEE E802.11 的基础上发展起来的,工作在 2.4 Hz频段,最高传输速率能够达到 11 Mbps。该技术是一种可以将个人电脑、手持设备等终端以无线方式互相连接的一种技术。目的是改善基于 IEEE802.1 标准的无线网络产品之间的互通性。

WiFi 局域网本质的特点是不再使用通信电缆将计算机与网络连接起来,而是通过无线的方式连接,从而使网络的构建和终端的移动更加灵活。

6.1.2　WiFi 技术的特点

1.无线电波覆盖范围广

基于蓝牙技术的电波覆盖范围非常小,半径大约只有 15 m,而 WiFi 的半径可达300 m,适合办公室及单位楼层内部使用。

2.组网简便

无线局域网的组建在硬件设备上的要求与有线相比,更加简洁方便,而且目前支持无线局域网的设备已经在市场上得到了广泛的普及,不同品牌的接入点 AP 以及客户网络接口之间在基本的服务层面上都是可以实现互操作的。WIAN 的规划可以随着用户的增加而逐步扩展,在初期根据用户的需要布置少量的点。当用户数量增加时,只需再增加几个 AP 设备,而不需要重新布线。而全球统一的 WiFi 标准使其与蜂窝载波技术不同,同一个 WiFi 用户可以在世界各个国家使用无线局域网服务。

3. 业务可集成性

由于 WiFi 技术在结构上与以太网完全一致,所以能够将 WLAN 集成到已有的宽带网络中,也能将已有的宽带业务应用到 WLAN 中。这样,就可以利用已有的宽带有线接入资源,迅速地部署 WIAN 网络,形成无缝覆盖。

4. 完全开放的频率使用段

无线局域网使用的 ISM 是全球开放的频率使用段,使得用户端不需任何许可就可以自由使用该频段上的服务。

◆ 6.1.3　WiFi 总体拓扑结构

WiFi 网络结构如图 6-2 所示,由 AP 和无线网卡组成。AP 一般称为网络桥接器或接入点,它是当作传统的有线局域网络与无线局域网络之间的桥梁,因此任何一台装有无线网卡的 PC 均可透过 AP 去分享有线局域网络甚至广域网络的资源,其工作原理相当于一个内置无线发射器的 HUB 或者路由,而无线网卡则是负责接收由 AP 所发射信号的 CLJENT 端设备。

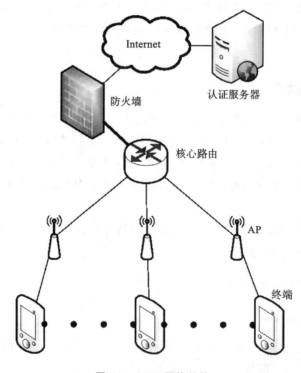

图 6-2　WiFi 网络结构

6.1.4　WiFi 的安全机制

WiFi 的安全性主要包括访问控制和加密两大部分,访问控制保证只有授权用户能访问敏感数据,加密保证只有正确的接收方才能理解数据。为了解决 WiFi 网络的安全问题,2003 年 WiFi 联盟推出了 WiFi 保护接入(WiFi protected access,WPA)作为安全解决方案以满足日益增长的安全机制的市场需求。

6.1.5　WPA 技术

WPA 是无线应用协议(wireless application protocol)的简称,是一种开放式的全球规范,有 WPA 和 WPA2 两个标准,是一种保护无线电脑网络(WiFi)安全的系统。WPA 作为 IEEE802.11i 的一个子集,避开了 WEP 的众多弱点,可大大增强现有以及未来无线局域网系统数据保护的访问控制水平。WPA 可保证 WIAN 用户的数据受到保护,并且只有授权用户才可访问 WLAN 网络。

6.2　WiFi 网络安全策略

6.2.1　加密方式

1. TKIP 加密模式

WiFi 无线网络目前使用最广泛的加密模式是 WPA-PSK(TKIP)和 WPA2-PSK(AES)。TKIP 的含义为暂时密钥集成协议。TKIP 使用的仍然是 RC4 算法,但在原有的 WEP 密码认证引擎中添加了"信息包单加密功能"、"信息监测"、"具有序列功能的初始向量"和"密钥生成功能"等四种算法。

TKIP 是包裹在已有 WEP 密码外围的一层"外壳",这种加密方式在尽可能使用 WEP 算法的同时消除了已知的 WEP 缺点。专门用于纠正 WEP 安全漏洞,实现无线传输数据的加密和完整性保护。但是相比 WEP 加密机制,TKIP 加密机制可以为 WLAN 服务提供更加安全的保护,主要体现在以下几点:

(1)静态 WEP 的密钥为手工配置,且一个服务区内的所有用户都共享同一把密钥。而 TKIP 的密钥为动态协商生成,每个传输的数据包都有一个与众不同的密钥。

(2)TKIP 将密钥的长度由 WEP 的 40 位加长到 128 位,初始化向量 IV 的长度由 24 位加长到 48 位,提高了 WEP 加密的安全性。

(3)TKIP 支持 MIC 认证(message integrity check,信息完整性校验)和防止重放攻击功能。

2. AES 加密模式

WPA2 放弃了 RC4 加密算法,使用 AES 算法进行加密,是比 TKIP 更加高级的加密技术。AES 是一个迭代的、对称密钥分组的密码,它可以使用 128、192 和 256 位密钥,并且用 128 位(16 字节)分组加密和解密数据。与公共密钥密码使用密钥对不同,对称密钥密码使用相同的密钥加密和解密数据。通过分组密码返回的加密数据的位数与输入数据相同。迭代加密使用一个循环结构,在该循环中重复置换(permutations)和替换(substitutions)输入数据。

6.2.2 认证方式

WPA 给用户提供了一个完整的认证机制,AP 根据用户的认证结果决定是否允许其介入无线网络中;认证成功后可以根据多种方式动态地改变每个接入用户的加密密钥。对用户在无线网络中传输的数据进行 MIC 编码,确保用户数据不会被其他用户更改。WPA 有两种认证模式:第一种是使用 802.1x 协议进行认证,也就是 802.1x＋＝EPA 方式(工业级的,安全要求高的地方用,需要认证服务器);第二种是预先共享密钥 PSK 模式(家庭用的,用在安全要求低的地方,不需要认证服务器)。AP 和客户端分享密钥的过程叫作四次握手,过程如图 6-3 所示。

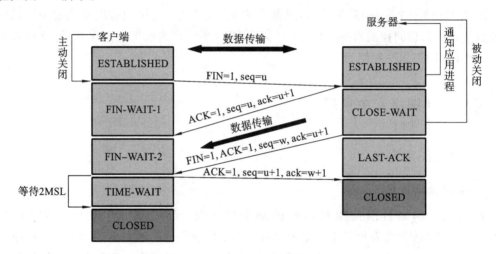

图 6-3　WiFi 四次握手的过程

6.2.3 WiFi 的突出优势

(1)无线电波的覆盖范围广。基于蓝牙技术的电波覆盖范围非常小,半径只有 50 英尺左右,约合 15 米,而 WiFi 的半径则可达 300 英尺左右,约合 100 米,办公室自不用说,就是在整栋大楼中也可使用。最近,由 VIVATO 公司推出的一款新型交换机。据悉,该款产品能够把目前 WiFi 无线网络 300 英尺接近 100 米的通信距离扩大到 4 英里约 6.5 千米。

(2)虽然由 WiFi 技术传输的无线通信质量不是很好,数据安全性能比蓝牙差一些,传输质量也有待改进,但其传输速度非常快,可以达到 11 Mbps,符合个人和社会信息化的需求。

(3)厂商进入该领域的门槛比较低。厂商只要在机场、车站、咖啡店、图书馆等人员较密集的地方设置"热点",并通过高速线路将因特网接入上述场所。这样,由"热点"所发射出的电波可以达到一定的距离覆盖面。

(4)不需布线。WiFi 最主要的优势在于不需要布线,可以不受布线条件的限制,因此非常适合移动办公用户的需要,具有广阔的市场前景。目前它已经从传统的医疗保健、库存控制和管理服务等特殊行业向更多行业拓展开去,甚至开始进入家庭以及教育机构等领域。图 6-4 所示为企业无线办公网络结构图。

(5)健康安全。IEEE802.11 规定的发射功率不可超过 100 毫瓦,实际发射功率为 60～70 毫瓦,这是一个什么样的概念呢?手机的发射功率为 200 毫瓦至 1 瓦,手持式对讲机的发

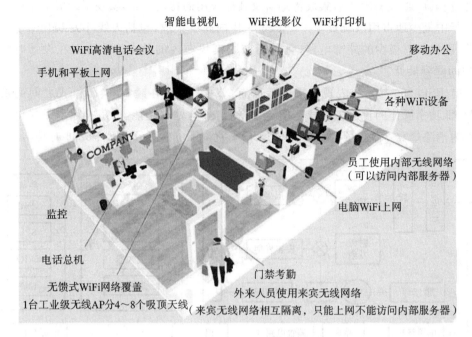

图 6-4　企业无线办公网络结构图

射功率高达 5 瓦,而且无线网络使用方式并不像手机一样直接接触人体,应该是安全的。

(6)蜂窝移动通信的补充。蜂窝移动通信可以提供广覆盖、高移动性和中低等数据传输速率,它可以利用 WiFi 高速数据传输的特点弥补自己数据传输速率受限的不足。而 WiFi 不仅可利用蜂窝移动通信网络完善的鉴权与计费机制,而且可结合蜂窝移动通信网络覆盖广的特点实现多接入切换功能。这样就可实现 WiFi 与蜂窝移动通信的融合,使蜂窝移动通信的运营锦上添花,进一步扩大其业务量。

(7)高速有线接入技术的补充。目前有线接入技术主要包括以太网、xDSL 等。WiFi 技术作为高速有线接入技术的补充,具有可移动、价格低廉的优点,WiFi 技术广泛应用于有线接入需无线延伸的领域,如临时会场等。由于数据速率、覆盖范围和可靠性的差异,WiFi 技术在宽带应用上将作为高速有线接入技术的补充。而关键技术无疑决定着 WiFi 的补充力度。现在 OFDM(正交频分复用)、MIMO(多入多出)、智能天线和软件无线电等,都开始应用到无线局域网中以提升 WiFi 性能,比如 802.11n 计划采用 MIMO 与 OFDM 相结合,使数据速率成倍提高。另外,天线及传输技术的改进使得无线局域网的传输距离大大增加,可以达到几千米。

◆ 6.2.4　应用场景一　ESP8266 模块

ESP8266 是一个完整且自成体系的 WiFi 网络解决方案,能够搭载软件应用,或通过另一个应用处理器卸载所有 WiFi 网络功能。

ESP8266 在搭载应用并作为设备中唯一的应用处理器时,能够直接从外接闪存中启动。内置的高速缓冲存储器有利于提高系统性能,并减少内存需求。另外一种情况是,无线上接入承担 WiFi 适配器的任务时,可以将其添加到任何基于微控制器的设计中,连接简单易行,只需通过 SPI/SDIO 接口或中央处理器 AHB 桥接口即可。ESP8266 强大的片上处理和存储能力,使其可通过 GPIO 口集成传感器及其他应用的特定设备,实现了最低成本的前期开发和运行中最少地占用系统资源。ESP8266 片内高度集成,包括天线开关 balun、电源管理转换器,因此仅需极少的外部电路,且包括前端模块在内的整个解决方案在设计时将所占 PCB 空间降到最低。

装有 ESP8266 的系统表现出来的特征有:节能 VoIP 在睡眠/唤醒模式之间的快速切换、配合低功率操作的自适应无线电偏置、前端信号的处理功能、故障排除和无线电系统共存特性为消除蜂窝 /蓝牙/DDR/LVDS/LCD 干扰。图 6-5 所示为 ESP8266 时钟结构图。

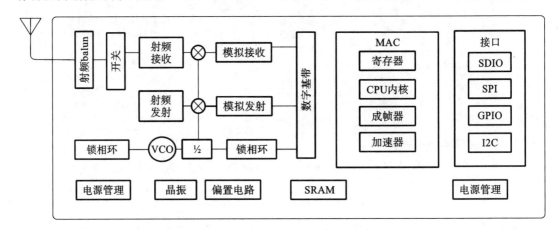

图 6-5　ESP8266 时钟结构图

1. ESP8266 模块特征

(1)802.11 b/g/n;

(2)WiFi Direct (P2P)、soft-AP;

(3)内置 TCP/IP 协议栈;

(4)内置 TR 开关、balun、LNA、功率放大器和匹配网络;

(5)内置 PLL、稳压器和电源管理组件;

(6)802.11b 模式下＋19.5dBm 的输出功率;

(7)支持天线分集;

(8)断电泄漏电流小于 10 μA;

(9)内置低功率 32 位 CPU(可以兼作应用处理器);

(10)SDIO 2.0、SPI、UART;

(11)STBC、1x1 MIMO、2x1 MIMO;

(12)A-MPDU、A-MSDU 的聚合和 0.4 μs 的保护间隔;

(13)2 ms 之内唤醒、连接并传递数据包;

(14)待机状态消耗功率小于 1.0 mW (DTIM3)。

2. 超低能耗技术

ESP8266 为移动设备、可穿戴电子产品和物联网应用设计,并与其他几项专利技术一起使机器实现较低能耗。这种节能的构造以三种模式运行:激活模式、睡眠模式和深度睡眠模式。ESP8266 使用高端电源管理技术和逻辑系统调低非必需功能的功率,调控睡眠模式与工作模式之间的转换。在睡眠模式下,其消耗的电流小于 12 μA,处于连接状态时,其消耗的功率少于 1.0 mW(DTIM＝3)或 0.5 mW(DTIM＝10)。

　　睡眠模式下,只有校准的实时时钟和 watchdog 处于工作状态。可以通过编程使实时时钟在特定的时间内唤醒 ESP8266。通过编程,ESP8266 会在检测到某种特定情况发生的时候自动唤醒。ESP8266 在最短时间内自动唤醒,这一特征可以应用到移动设备的 SOC 上,这样 SOC 在开启 WiFi 之前均处于低功耗待机状态。为满足移动设备和可穿戴电子产品的功率需求,ESP8266 在近距离时可以通过软件编程减少 PA 的输出功率来降低整体功耗,以适应不同的应用方案。图 6-6 所示为 ESP8266 模块应用图。

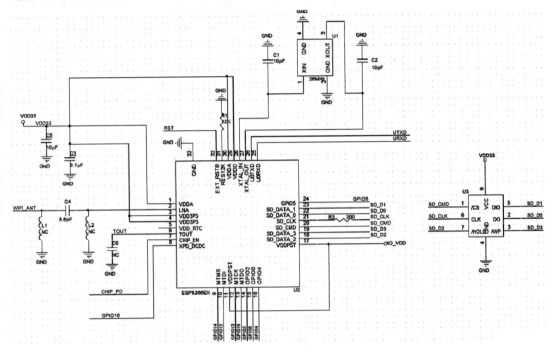

图 6-6　ESP8266 模块应用图

3.最大集成度

　　ESP8266 集成了板子上最关键的部件,其中包括电源管理组件、TR 开关、RF balun、峰值为＋25dBm 的大功率 PA,因此,ESP8266 既保证了 BOM 的成本最低,又便于被嵌入任何系统。ESP8266 仅有的外部 BOM 是电阻器、电容器和晶振。

4.ESP8266 应用主体

　　(1)智能电源插头;

　　(2)家庭自动化;

　　(3)网状网络;

　　(4)工业无线控制;

　　(5)婴儿监控器;

　　(6)网络摄像机;

　　(7)传感器网络;

　　(8)可穿戴电子产品;

　　(9)无线位置感知设备;

　　(10)安全 ID 标签;

(11)无线定位系统信号。

5. 功耗

表 6-1 所示功耗数据是基于 3.3 V 的电源、25 ℃的周围温度,并使用内部稳压器测得。

(1)所有测量均在没有 SAW 滤波器的情况下,于天线接口处完成。

(2)所有发射数据是基于 90% 的占空比,在持续发射的模式下测得的。

表 6-1   ESP8266 各种模式下的功耗

模 式	最 小 值	通 常	最 大 值	单 位
传送 802.11b,DSSS 1Mbps,Pour=+19.5dBm		215		mW
传送 802.11b,CCK 11Mbps,Pour=+18.5dBm		197		mW
传送 802.11g,OFDM 54Mbps,pour=+16dBm		145		mW
传送 802.11n,MCS7,Pour=+14dBm		135		mW
接收 802.11b,包长 1024 字节,−80dBm		60		mW
接收 802.11g,包长 1024 字节,−70dBm		60		mW
接收 802.11n,包长 1024 字节,−65dBm		62		mW
Modem Sleep		15		mW
Light sleep		0.5		mW
节能模式 DTIM 1		1.2		mW
节能模式 DTIM 3		0.9		mW
深度睡眠		10		μW
关机		0.5		μW

6. CPU

这款芯片嵌入了一个超低功率 32 位微型 CPU,带有 16 位精简模式。可以通过以下接口连接该 CPU:

(1)连接存储控制器,也可以用来访问外接闪存的编码 RAM/ROM 接口(iBus);

(2)同样连接存储控制器的数据 RAM 接口(dBus);

(3)访问寄存器的 AHB 接口;

(4)JTAG 调试接口。

7. 存储控制器

存储控制器包含 ROM 和 SRAM。CPU 可以通过 iBus、dBus 和 AHB 接口访问存储控制器。这些接口中任意一个都可以申请访问 ROM 或 RAM 单元,存储仲裁器以到达顺序确定运行顺序。

8. AHB 和 APB 模块

AHB 模块充当仲裁器,通过 MAC、主机的 SDIO 和 CPU 控制 AHB 接口。由于发送地址不同,AHB 数据请求可能到达以下两个从机中的一个:

(1)APB 模块;

(2)闪存控制器(通常在脱机应用的情况下)。

闪存控制器接收到的请求往往是高速请求,而 APB 模块接收到的往往是访问寄存器的请求。

APB 模块充当解码器,但只可以访问 ESP8266 主模块内可编程的寄存器。由于发送地址不同,APB 请求可能到达无线电接收器、SI/SPI、主机 SDIO、GPIO、UART、实时时钟(RTC)、MAC 或数字基带。

9. 接口

ESP8266 模块包含多个模拟和数字接口,详情如下。

1)主 SI/SPI 控制(可选)

主串行接口(SI)能在二、三、四线制总线配置下运行,被用来控制 EEPROM 或其他 I2C/SPI 设备。多址 I2C 设备共享二线制总线。

多址 SPI 设备共享时钟和数据信号,且根据芯片的选择,各自单独使用由软件控制的 GPIO 管脚。

SPI 可以被用来控制外接设备,如串行闪存、音频 CODEC 或其他从机设备,安装时,给它如下三个不同的有效管脚,使其成为标准主 SPI 设备。

(1)SPI_EN0;

(2)SPI_EN1;

(3)SPI_EN2。

SPI 从机被用作主接口,从而给 SPI 主机和 SPI 从机提供支持。

在内置应用中,SPI_EN0 被用作使能信号,作用于外接串行闪存,将固件和/或 MIB 数据下载到基带。在基于主机的应用中,固件和 MIB 数据可以通过主机接口两者任选其一进行下载。此管脚低电平有效,不用的时候应该悬空。

SPI_EN1 常被用于用户应用,如控制内置应用中的外接音频 codec 或感应器 ADC。此管脚低电平有效,不用的时候应该悬空。

SPI_EN2 常被用来控制 EEPROM,储存个别数据,如 MIB 信息、MAC 地址和校准数据,或作一般用途。此管脚低电平有效,不用的时候应该悬空。

图 6-7 所示为 SPI 时序特征。

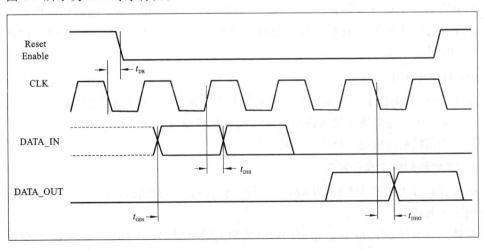

图 6-7　SPI 时序特征

2)通用 I/O

通用 I/O 总共有多达 16 个 GPIO 管脚。固件可以给它们分配不同的功能。每个 GPIO 都可以配置内部上拉/下拉电阻、可供软件寄存器取样的输入、引发边缘或电平 CPU 中断的输入、引发电平唤醒中断的输入、开漏或互补推挽输出驱动、软件寄存器的输出源或 sigma-delta PWM DAC。

这些管脚可与其他功能复用,如主接口、UART、SI、蓝牙共存等。

3)数字 I/O 管脚

数字 I/O 焊盘是双向、三态的。它包括输入和输出的三态控制缓冲器。此外,对于低功耗的运算,I/O 还能被设定为保持状态。比如说,当我们降低芯片的功耗,所有输出使能信号可以被设定为保持低功耗状态。

选择性的保持功能可以应需植入 I/O 中。当 I/O 不由内外部电路驱动时,保持功能可以被用于保持上次的状态。

保持功能给管脚引入一些正反馈。因此,管脚的外部驱动必须强于正反馈。然而,所需驱动电流仍然很小,在 $5\mu A$ 之内。

表 6-2 所示为数字 I/O 管脚对应的变量及其最大值和最小值。

表 6-2　数字 I/O 管脚对应的变量及其最大值和最小值

变　　量	符　　号	最　小　值	最　大　值	单　　位
输入低电压	V_{IL}	-0.3	$0.25 \times V_{IO}$	V
输入高电压	V_{IH}	$0.75 \times V_{IO}$	3.3	V
输入漏电流	I_{IL}		50	nA
输出低电压	V_{OL}		$0.1 \times V_{IO}$	V
输出高电压	V_{OH}	$0.8 \times V_{IO}$		V
输入管脚电容	C_{pad}		2	pF
VDDIO	$V_{I/O}$	1.8	3.3	V
最大驱动能	I_{MAX}		12	mA
温度	T_{amd}	-40	125	℃

所有的数字 I/O 管脚都要在引脚和地之间加一个过压保护电路。通常回跳电压大概是 6V,而维持电压是 5.8V。这就可以避免电压过高和产生 ESD。二极管也使输出设备避免产生反向电压。

10. Analog ADC

ESP8266EX 集成了一个通用的 10bit 精度的 ADC。可检测的模拟输入电压范围为 0～1 V。该 ADC 主要用于检测传感器输出或电池电量等。在 ESP8266EX 发包时不可使用 ADC,否则将会导致电压值的不准确。

11. 固件和软件工具开发包

固件在芯片上的 ROM 和 SRAM 上运行,当设备处于唤醒状态时,固件通过 SDIO 界面从主机上下载指令。

固件完全遵循 802.11 b/g/n/e/i WLAN MAC 协议和 WiFi Direct 规格,不仅支持分散制功能(DCF)下的基本服务单元(BSS)的操作,还遵循最新的 WiFi P2P 协议,支持 P2P 团体操作(P2P group operation)。低电平协议功能自动由 ESP8266 运行,如:

(1)RTS/CTS;

(2)确认；

(3)分片和重组；

(4)聚合；

(5)帧封装(802.11h/RFC 1042)；

(6)自动信标监测/扫描；

(7)P2P WiFi direct。

跟 P2P 发现程序一样,被动或主动扫描一旦在主机的指令下启动,就会自动完成。执行电源管理时,与主机互动最少,如此一来,有效任务期达到最小化。

12. 高频时钟

ESP8266 上的高频时钟是用来驱动 Tx 和 Rx 两种混频器的,它由内部晶振和外部晶振生成。晶振频率在 26~52 MHz 浮动。

尽管晶体振荡器的内部校准功能使得一系列的晶体满足时钟生成条件,但是一般来说,晶体的质量仍然是获得合适的相位噪声要考虑的因素。当使用的晶体由于频率偏移或质量问题而不是最佳选择时,WiFi 系统的最大数据处理能力和灵敏度就会降低。请参照表 6-3 所示操作说明来测量频率偏移。

表 6-3　操作说明

变　　量	符　　号	最　小　值	最　大　值	单　　位
频率	F_{XO}	26	52	MHz
装载电容	C_L		32	pF
动态电容	C_M	2	5	pF
串行电阻	R_S	0	65	Ω
频率容限	$\triangle F_{XO}$	−15	15	ppm
频率 vs 温度(−25~75℃)	$\triangle F_{XO}, T_{emp}$	−15	15	ppm

时钟生成器为接收器和发射器生成 2.4GHz 时钟信号,其所有部件均集成于芯片上,包括:

(1)电感器；

(2)变容二极管；

(3)闭环滤波器。

时钟生成器含有内置校准电路和自测电路。正交时钟相位和相位噪声通过专利校准算法在芯片上进行最优处理,以确保接收器和发射器达到最佳性能。

13. ESP8266 AT 指令

AT 指令是一种不需要具体编程的开发方式,直接使用电脑给模块发送相应的指令就可以实现对它的控制。一般买来的模块都有烧录好的固件,假如没有可以自己烧录一个。图 6-8 所示为 QFN32 封装尺寸图。

下面给大家介绍具体步骤:首先我们需要将模块和电脑连接起来,可以用 USB 转串口来实现,如图 6-9 所示。连接 3.3 V、RXD、TXD、GND。然后,我们打开串口助手软件,这种软件在很多地方都可以找到。再将模块插上电脑,就可以发送输入指令了。下面介绍一下常用的指令。

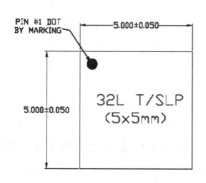
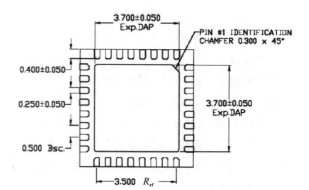
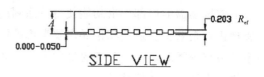

图 6-8　QFN32 封装尺寸图

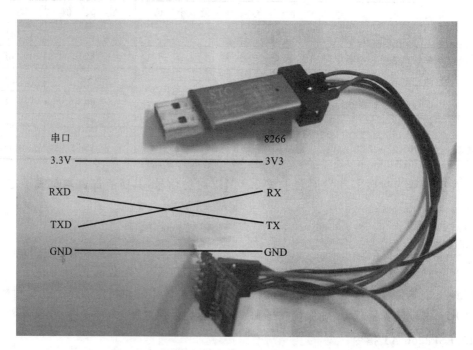

图 6-9　用 USB 转串口将模块和电脑连接起来

测试指令：AT。

查看固件：AT＋GMR。

获取 IP：AT＋CIFSR。

下面介绍具体使用方法：

第一种方法是 8266 连接路由器的无线。该模式下，可以将 8266 当作服务器，手机或其他设备连接 8266，也可以连接其他设备建立的服务器。

设置连接模式：AT＋CWMODE＝1。

连接 WiFi：AT＋CWJAP＝"TP-link"，"1245789"。

1)8266 做服务器时

设置多连接：AT＋CIPMUX＝1。

建立服务器：AT＋CIPSERVER＝1,5000(5000 是端口号,可以改)。

设置服务器超时时间：AT＋CIPSTO＝60。

2)8266 连接其他服务器时

设置单连接：AT＋CIPMUX＝0。

连接 TCP 服务器：AT＋CIPSTART＝"TCP"，"192.168.1.100"，5000。

第二种方法是 8266 建立无线热点,让其他设备连接。同理,此模式可以建立服务器,也可以连接其他服务器。

连接模式：AT＋CWMODE＝2。

设置无线账号密码：AT＋CWSAP＝"ESP8266"，"123456"，4,0(WiFi 名:ESP8266;密码:123456;4 是加密方式;0 是信道)。

设置多连接：AT＋CIPMUX＝1。

建立服务器：AT＋CIPSERVER＝1,5000。

14. ESP8266 WiFi 配置指令

ESP8266 是由乐鑫公司出品的一款物联网芯片,因为价格较低、性能稳定等收到很大关注。该芯片可工作于三种模式下,分别是 AP 模式、station 模式以及混合模式,通过常用的 AT 指令进行控制。自该芯片面世以来发行过多种型号。单型号而言就有 ESP8266-01、ESP8266-12F、ESP8266-12E 这三种。在使用这三种芯片时均使其工作在 AP 模式下。现在,就用这三个型号说一下 ESP8266 在 AP 模式下的配置(AP 模式下通信协议为 TCP,也就是说 AP 模式下的 ESP8266 相当于一个 TCP 服务器)。

因为 ESP8266-01 是比较早的型号,此处就不再具体说明了。ESP8266-12F(简称 12F)相比于 ESP8266-01 有很多改进之处。首先 12F 的 flash 闪存比较大,另外 12F 支持机智云的 MCU 运行。当然,与增加的功能相适应,12F 增加了很多 I/O 口,一般是 16 个。但工作在 AP 模式下,两者并没有本质区别。另外,12F 有一个缺点就是需要自己搭建一些简单的外围电路,接线图如图 6-10 所示。

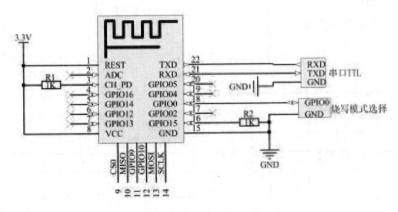

图 6-10 外围电路接线图

1)基本配置命令

AT+CIOBAUD=＊＊＊＊＊＊//修改波特率为＊＊＊＊＊＊(模块初始波特率默认为115200 bps,该命令通过串口助手发送,重新上电后有效)

AT+CWMODE=2//设置模块为 AP 模式

AT+CWSAP='111','222',11,0//设置 WiFi 名字为 111,密码是 222,通道号是 11,加密方式是 OPEN(可以修改)

AT+CIPMUX=1//启动多路连接方式(可以修改)

AT+CIPSERVER=1,5000//开启 server,端口号为 5000(可以修改)

AT+CIPSEND=0,5//向 id 为 0 的链接发送 5 字节数据(可以修改)

2)单片机控制程序

单片机型号为 STC89C52RC,晶振为 11.0592 MHz,波特率为 9600 bps(控制程序均为自己编写且测试有效)。

```c
#include< reg51.h>
void Serial_Inti();//初始化程序(必须使用,否则无法收发)
void Uart_Sends(unsigned char *str);//发送 char 型字符串
//void Delay1 ms(unsigned int t);//1 ms 延时函数
unsigned char Uart_Receive();//接收字符子函数
void Uart_Dat(unsigned char dat);//数据发送子函数
void Wifi_Init();//WiFi 模块初始化
void Uart_Byte(char byte);//字节发送子函数
void Delay1 ms(unsigned int t);//t ms 延时子函数
/*串口初始化子函数*/
void Serial_Inti()//串口初始化,一定注意不要启动 T1 的串口中断
{
TMOD=0x20;
SCON=0x50;
TH1=0xFD;
TL1=TH1;
PCON=0x00;
ES=0;//关闭串口中断
TR1=1;
}
/*字符串发送子函数(用于配置)*/
void Uart_Sends(unsigned char *str)
{
while(*str! ='\0')
{
SBUF=*str;
while(! TI);//等待发送完成信号(TI=1)出现
```

```
TI=0;//清除发送中断标志位以继续发送
str++;
}
}
/*WiFi 模块初始化*/
void Wifi_Init()
{
Delay1 ms(3000);
Serial_Inti();
Uart_Sends('AT+CWMODE=2\r\n');
Delay1 ms(2000);
Uart_Sends('AT+CWSAP=\'******\',\'*****\',11,0\r\n');//WiFi 名称及
密码设置
Delay1 ms(2000);
Uart_Sends('AT+CIPMUX=1\r\n');
Delay1 ms(2000);
Uart_Sends('AT+CIPSERVER=1,5000\r\n');
}
/*字节发送子函数*/
void Uart_Byte(char byte)
{
SBUF=byte;
while(! TI);
TI=0;
}
/*数据发送子函数*/
void Uart_Dat(unsigned char dat)
{
Uart_Sends('AT+CIPSEND=0,1\r\n');
Delay1 ms(1000);
Uart_Byte(dat);
Uart_Byte('\r');
Uart_Byte('\n');
Delay1 ms(100);//延时 100 ms 防止出现循环发送现象
}
/*指令接收子函数*/
unsigned char Uart_Receive()
{
unsigned char order;
```

```
RI=0;//先将接收表示位置 0,防止 WiFi 配置时的返回信息将其置 1
while(! RI);//等待接收到信息后跳出循环
order=SBUF;//当 RI=1 时接收数据
RI=0;//清除接收中断标志位以继续接收
return order;
}
void Delay1 ms(unsigned int t)    //误差 0μs
{
unsigned char a,b,c;
for(t;t> 0;t--)
for(c=1;c> 0;c-- )
for(b=142;b> 0;b-- )
for(a=2;a> 0;a-- );
}
```

用 USB 线连接 PC,下载工具为 flash_download_tool_v1.2_150512.exe,选择ESP8266_
Doit_ser2net(v2.4).bin,下载地址为 0x00000,按住 Flash 键不放,然后按 Reset 键,使芯片
进入下载模式,点击软件上的 START 开始下载,下载完成后重新上电。如图 6-11 所示。

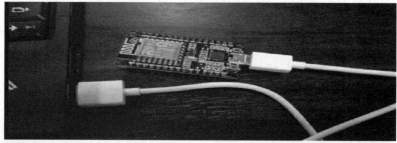

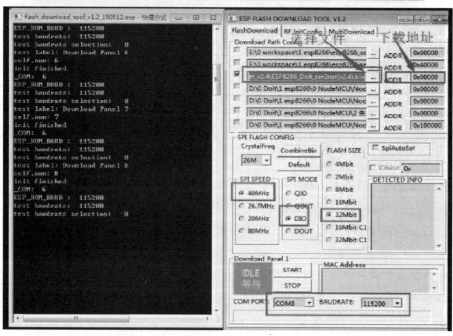

图 6-11 下载设置

第 6 章
WiFi 通信技术
87

下载成功重新上电后就会发现这个固件的好处。连接 WiFi 访问 192.168.4.1 就会出现图 6-12 所示界面。

图 6-12　连接 WiFi 访问 192.168.4.1 出现的界面

在该界面可以直接设置芯片的波特率以及 AP 模式下的配置,省去了麻烦的 AT 命令。

15. ESP8266WiFi 模块

1)ESP8266 系列模块的特点

(1)支持 STA、AP、STA＋AP 动作模式;

(2)内置体积非常小的 802.11b/g/n WiFi SOC 模块;

(3)内置 10bit 高精度 ADC;

(4)采用低功率 32 位 CPU,兼作应用程序处理器;

(5)支持 USART、GPIO、IIC、PWM、ADC、SPI 等接口;

(6)时钟频率最大为 160 MHz;

(7)支持 smart config、AirKiss 一键网络;

(8)支持多个休眠模式,深休眠电流低到 $20\mu A$;

(9)采用嵌入式 LWIP 协议栈;

(10)支持 SDK 二次开发;

(11)通用 AT 指令可以快速使用;

(12)支持串行本地升级和远程固件升级(FOTA)。

2)ESP8266 WiFi 模块的网络连接方法

如果手机连接 WiFi,那非常简单,先打开 WiFi 开关,选择 WiFi 网络,然后输入密码即可。但出于成本等各方面因素考虑,往往物联网设备都没有像手机那样好的交互界面。另外,如果设备数量很大,则不能为每个设备单独输入账户和密码。

此外,将 WiFi 模块应用于各种场合时,有各种 WiFi 网络账户名和密码,密码也会不断更新,账户和密码无法固定。

针对这些需求,ESP8266 支持 smartconfig 模式,用户将采用 ESP8266EX 和 ESP32 的设备连接到 WiFi 网络,用户只需用手机简单操作就能实现智能的结构。这个过程如图 6-13 所示。

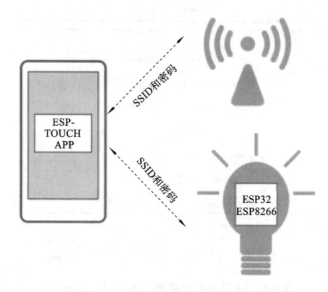

图 6-13　手机操作实现智能的结构

由于设备最初没有连接到网络,因此手机端 App 无法直接向设备发送信息。通过 smartconfig 通信协议,具有 WiFi 网络访问能力的设备(例如智能手机)可以向接入点(AP)发送一系列 UDP 分组,每个分组的长度(即 Length 字段)数据包结构如图 6-14 所示。

6	6	2	3	5	Variable	4
DA	SA	Length	LLC	SNAP	DATA	FCS

包括设备可以获得的
SSID 和密钥信息

图 6-14　长度数据包结构

更详细的内容可以在乐鑫官网上查询。

16. ESP8266 WiFi 模块的 AT 指令

ESP8266 支持 AT 指令,使用单独的 MCU 控制 ESP8266 非常方便。

TCP/IP 指令说明如表 6-4 所示。

表 6-4　TCP/IP 指令说明

指　　令	实 际 响 应
AT+CIPSTATUS	查询网络连接信息
AT+CIPDOMAIN	域名解析功能
AT+CIPDNS	自定义 DNS 服务器
AT+CIPSTAMAC	设置 ESP32 Station 的 MAC 地址
AT+CIPAPMAC	设置 ESP32 SoftAP 的 MAC 地址
AT+CIPSTA	设置 ESP32 Station 的 IP 地址
AT+CIPAP	设置 ESP32 SoftAP 的 IP 地址
AT+CIPSTART	建立 TCP 连接、UDP 传输或者 SSL 连接
AT+CIPSEND	发送数据
AT+CIPSENDEX	发送数据,达到设置长度,或者遇到字符\0,则发送数据
AT+CIPCLOSE	关闭 TCP/UDP/SSL 传输
AT+CIFSR	查询本地 IP 地址
AT+CIPMUX	设置多连接模式
AT+CIPSERVER	设置 TCP 服务器
AT+CIPSERVERMAXCONN	设置 TCP 服务器允许的最大连接数
AT+CIPMODE	设置透传模式
AT+SAVETRANSLINK	保存透传连接到 Flash
AT+CIPSTO	设置 ESP32 作为 TCP 服务器的超时时间
AT+CIUPDATE	通过 WiFi 升级软件
AT+CIPSNTPCFG	设置时域和 SNTP 服务器
AT+PING	Ping 功能

6.2.5　应用场景二　串口转 WiFi 应用 AP 模式

1. 实验目的

(1)掌握 WiFi 的相关知识。

(2)掌握 WiFi 模块的组成、功能、接口和应用。

(3)掌握 WiFi 模块的配置方式和配置软件的使用方法。

2. 实验内容

(1)将 WiFi 模块配置成 AP 模式。

(2)实现 WiFi 模块与手机、电脑的透明传输。

3. 实验仪器

(1)无线通信模块之 WiFi 部分。

(2)WiFi 配置软件及透传软件。

(3)智能手机一部。

4. 实验原理

1）WiFi 简介

WiFi 是一种可以将个人电脑、手持设备（如 PDA、手机）等终端以无线方式互相连接的技术，WiFi 是一个无线网络通信技术的品牌，由 WiFi 联盟（WiFi Alliance）所持有，目的是改善基于 IEEE 802.11 标准的无线网络产品之间的互通性。

随着技术的发展，以及 IEEE 802.11a 及 IEEE 802.11g 等标准的出现，现在IEEE 802.11 这个标准已被统称作 WiFi，因此，WiFi 几乎成了无线局域网 WLAN 的同义词。WiFi 原先是无线保真的缩写，WiFi 的英文全称为 wireless fidelity，在无线局域网的范畴是指"无线相容性认证"，实质上是一种商业认证，同时也是一种无线联网的技术，以前通过网线连接电脑，而现在则是通过无线电波来联网，常见的就是无线路由器，那么在这个无线路由器的电波覆盖的有效范围内都可以采用 WiFi 连接方式进行联网，如果无线路由器连接了一条 ADSL 线路或者别的上网线路，则又被称为"热点"。

802.11b 有时也被错误地标为 WiFi，实际上 WiFi 是无线局域网联盟（WLANA）的一个商标，该商标仅保障使用该商标的商品互相之间可以合作，与标准本身实际上没有关系。但是后来人们逐渐习惯用 WiFi 来称呼 802.11b 协议。

2）WiFi 基本原理

WiFi 是用无线通信技术将计算机设备、各种消费电子类设备互联起来，WiFi 局域网本质的特点是不再使用通信电缆将计算机、各种消费电子类设备与网络连接起来，而是通过无线的方式连接，从而使网络的构建和终端的移动更加灵活。

WiFi 是 WLAN 中的一种技术，但很多时候都把 WiFi 等同于 WLAN。几种主要的WLAN 技术如图 6-15 所示。

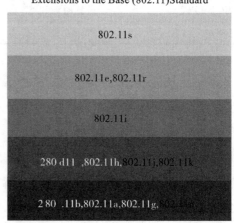

- IrDA
- Bluetooth
- 802.11
- 802.11b
- 802.11a
- 802.11g
- 802.11h

Extensions to the Base (802.11)Standard

Mest Extensions	802.11s
Qos Extensions	802.11e,802.11r
Security Extensions	802.11i
Radio εt Regulatory	280 d11 ,802.11h,802.11j,802.11k
Higher Data Rates	2 80 .11b,802.11a,802.11g,

图 6-15　几种主要的 WLAN 技术

WLAN 标准如表 6-5 所示。

表 6-5　WLAN 标准

标 准 编 号	负责的技术领域
IEEE 801.11	物理层和媒质接入层规范
IEEE 801.11a	物理层和媒质接入层规范——5.8GHz 频段高速物理层规范

续表

标 准 编 号	负责的技术领域
IEEE 801.11b	物理层和媒质接入层规范——2.4GHz 频段高速物理层扩展
IEEE 801.11d	物理层方面的特殊要求
IEEE 801.11e	MAC 层增强——服务质量保证(QoS)
IEEE 801.11f	支持 IEEE 801.11 的接入点互操作协议(IAPP)
IEEE 801.11g	2.4GHz 频段高速物理层扩展
IEEE 801.11h	额外定义了物理层方面的要求(如信道化、跳频模式等)
IEEE 801.11i	无线局域媒质接入控制层安全性增强协议
IEEE 801.11j	日本采用的等同于 IEEE 801.11h 的规范
IEEE 802.11k	射频资源管理
IEEE 802.11 m	对 IEEE 802.11 规范体系进行维护、修正和改进
IEEE 802.11n	高速物理层和媒质接入层规范
IEEE 802.11o	VoWLAN
IEEE 802.11p	车载条件下的无线通信
IEEE 802.11q	VLAN 的支持机制
IEEE 802.11r	快速漫游
IEEE 802.11s	Mesh 网状网络
IEEE 802.11t	无线网络性能预测
IEEE 802.11u	与其他网络的交互性
IEEE 802.11v	无线网络管理

802.11 协议的发展进程如表 6-6 所示。

表 6-6　802.11 协议的发展进程

	802.11	802.11b	802.11a	802.11g
标准发布时间	July 1997	Sept 1999	Sept 1999	June 2003
合法频宽	83.5 MHz	83.5 MHz	325 MHz	83.5 MHz
频率范围	2.400~2.483 GHz	2.400~2.483 GHz	5.150~5.350 GHz 5.725~5.850 GHz	2.400~2.483 GHz
非重叠信道	3	3	12	3
调制技术	FHSS/DSSS	CCK/DSSS	OFDM	CCK/OFDM
物理发送速率	1,2	1,2,5.5,11	6,9,12,18,24, 36,48,54	6,9,12,18,24, 36,48,54
无线覆盖范围	N/A	100 M	50 M	<100 M
理论上的最大 UDP 吞吐量(1500 byte)	1.7 Mbps	7.1 Mbps	30.9 Mbps	30.9 Mbps
理论上的 TCP/IP 吞吐量(1500 byte)	1.6 Mbps	5.9 Mbps	24.4 Mbps	24.4 Mbps
兼容性	N/A	与 11g 产品可互通	与 11b/g 不能互通	与 11b 产品可互通

WiFi 的工作频率及信道如表 6-7 和图 6-16 所示。

表 6-7 WiFi 的工作频率

信道标识符	频率（单位：MHz）	调 整 域			
		美 国	EMEA	日 本	世界其他地区
1	2412	×	×	×	×
2	2417	×	×	×	×
3	2422	×	×	×	×
4	2427	×	×	×	×
5	2432	×	×	×	×
6	2437	×	×	×	×
7	2442	×	×	×	×
8	2447	×	×	×	×
9	2452	×	×	×	×
10	2457	×	×	×	×
11	2462	×	×	×	×
12	2467	—	×	×	×
13	2472	—	×	×	×
14	2484	—	—	×	—

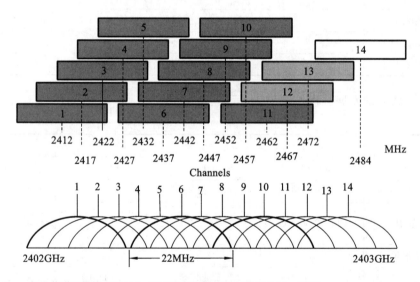

- 每个信道的带宽是22MHz，不同国家能够使用的信道是不一样的
- 只有3个互不重叠的信道：1,6,11(或者2,7,12…)
- 1～13信道频率：$2412+(n-1)\times 5\text{MHz}$

图 6-16　WiFi 的信道

频率范围：2400～2483.5 MHz，属于不需申请的 ISM 频段。

3）WiFi 组网

（1）SOHO 组网模式（如图 6-17 所示）；

（2）集中控制式（如图 6-18 所示）；

（3）对等模式（AD HOC）（如图 6-19 所示）；

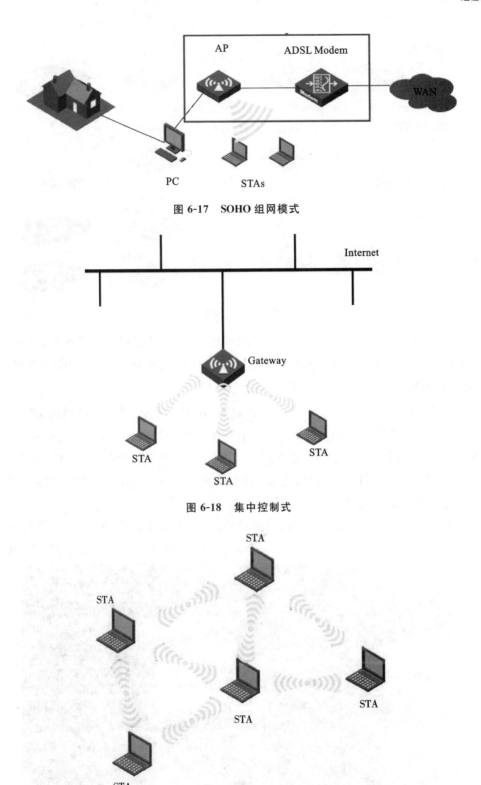

图 6-17　SOHO 组网模式

图 6-18　集中控制式

图 6-19　对等模式

（4）网桥组网（WDS）（如图 6-20 所示）。

WiFi 是由 AP(access point)和无线网卡组成的无线网络。AP 一般称为网络桥接器或接入点，它是当作传统的有线局域网络与无线局域网络之间的桥梁，因此任何一台装有无线网卡的

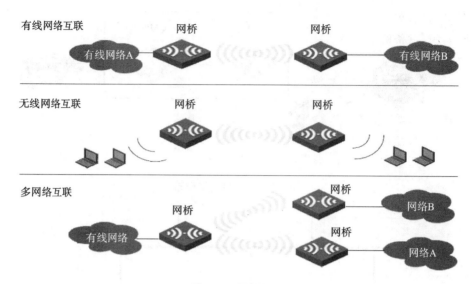

图 6-20　网桥组网

PC 均可通过 AP 去分享有线局域网络甚至广域网络的资源,其工作原理相当于一个内置无线发射器的 HUB 或者路由,而无线网卡则是负责接收由 AP 所发射信号的 CLIENT 端设备。

5. 实验步骤

(1)通过串口和配置软件将 WiFi 模块设置为 AP 模式,实现电脑之间的透明传输。

①电源开启:将开关 S_1 拨向 PW 端,使用箱体上的 5V 供电(WiFi 模块有两种供电方式:外部＋5V 供电和 USB 供电,一般采用外部＋5V 供电),WiFi 模块上电后,等待 30 s 左右,WiFi 模块上的指示灯开始闪烁,代表模块启动完成。如果需要重启模块,则按下 S_3 或 S_5 两个按键中任意一个超过 6 s,即可将模块重启。

②天线和数据线连接:将短棒天线插到 WiFi 模块中 J_4 天线座,WiFi 模块通过 USB 转串口线连接到电脑上(一端连接 COM_1 口,一端连接电脑 USB 接口),接法如图 6-21 所示。

图 6-21　天线和数据线连接的接法 1

③搜索模块:短按按键 S_5 约 3 s,打开配置软件,选择好相应的串口(在电脑的"设备管理器"中查看串口设备的端口号),点击"搜索模块",在命令执行和回复框中出现如图 6-22 所示"Found Device at COM4(115200)"消息,代表找到模块。

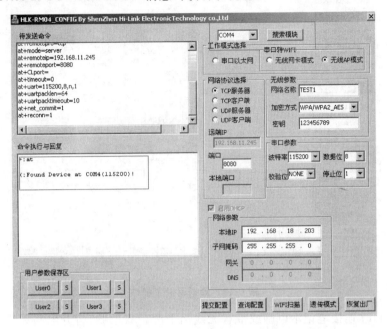

图 6-22 搜索模块 1

④模块配置:在配置软件中选择"无线 AP 模式"。无线参数中的网络名称一般以英文字符为好,加密方式自己选择,密码大于等于 8 位即可。网络参数中设置本地 IP 为 192.168.18.203,子网掩码为 255.255.255.0。具体配置方式可参照图 6-23(包括串口参数也按照图 6-23 配置)。点击"提交配置",命名执行与回复窗口出现如图 6-24 所示的字符,表示数据写进了模块。

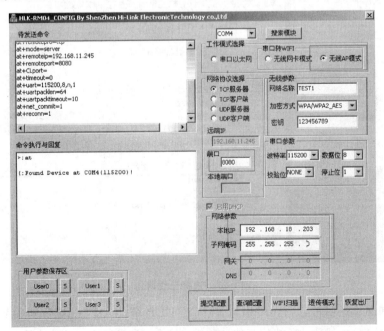

图 6-23 模块配置 1

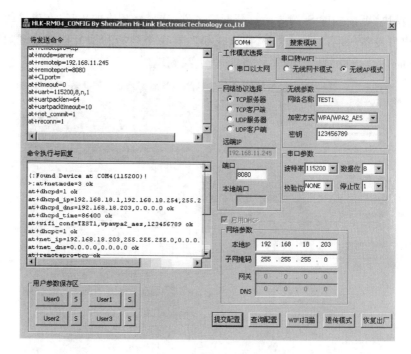

图 6-24　数据写进了模块

⑤通过 WiFi 连接笔记本电脑或带有无线网卡的台式电脑：打开电脑无线网络连接，搜索可用的无线网络，找到刚刚定义的无线网，输入密码连接（假设定义的 WiFi 为"TEST_WiFi"），如图 6-25 和图 6-26 所示。

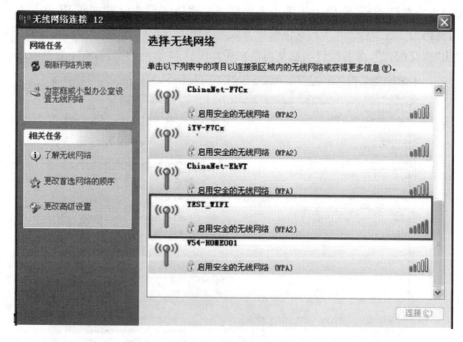

图 6-25　选择无线网络

⑥串口和网口透明传输：打开"串口 & TCP/UDP 调试工具"。在串口设置中选中端口号，选择好波特率，一般为 115200，其他选项按图 6-27 所示选择。网络设置中，在"C/S 和协

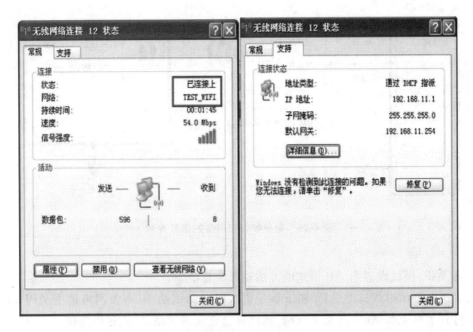

图 6-26　连接无线网络

议"中选择"TCP_CLIENT","远端 IP"选择自己在配置软件中写入的 IP,"远程端口"选择配置软件中的端口号(8080)。点击软件左侧的"打开串口"和右侧的"连接",没提示错误就是连接正常。这样就可以实现串口和网络的透传了,可以在串口中发送任意字符,在网络中接收该字符;在网络中发送任意字符,则在串口中接收该字符。

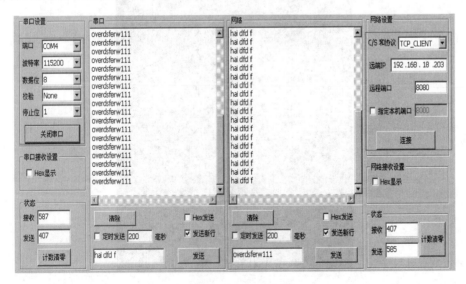

图 6-27　串口和网口透明传输设置

　　⑦实验说明:为了便于理解,我们可以假定有两台笔记本电脑,电脑 1 通过串口将数据发送给 WiFi 模块,由于 WiFi 模块工作在 AP 模式下,电脑 2 可以通过 WiFi 的方式与其连接,则电脑 2 的网口可以和电脑 1 的串口实现数据的透明传输。当然电脑 1 和电脑 2 也可以是一台电脑,则实现的是该电脑串口和网络的相互传输,如图 6-28 所示。

　　(2)通过串口和配置软件将 WiFi 模块设置为 AP 模式,实现电脑与手机之间的透明

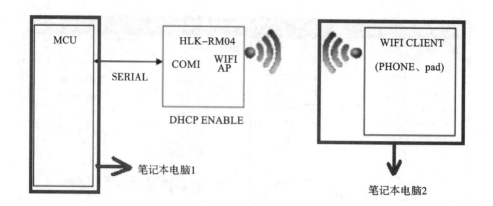

图 6-28　电脑串口和网络的相互传输

传输。

①将 WiFi 模块设置为 AP 模式的方法参考前述步骤。

②手机安装串口调试助手：手机安装手机版串口调试助手（有人网络助手 APP，见发货光盘），打开手机无线网络，搜索无线网，找到自己定义的网络，输入密码连接。

③手机与电脑之间实现透传功能：打开有人网络助手 APP，选择 tcp client 选项，在"增加连接"中，IP 选择自己在配置软件中写入的 IP 地址，这里以 192.168.18.203 为例。端口号按配置软件中选择，这里以 8080 为例。点击连接，提示连接成功即可。连接方式如图 6-29 所示。

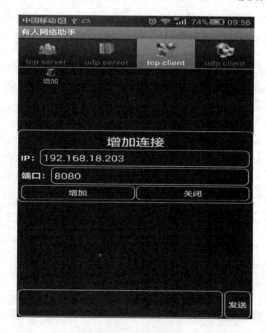

图 6-29　连接方式

在电脑中打开"串口 &TCP/UDP 调试工具"，在串口设置中选中端口号，选择好波特率，一般为 115200，其他选项按图 6-30 所示选择。点击打开串口，在手机和电脑上的调试助手上输入字符，就可以验证透传功能了。如图 6-30 和图 6-31 所示，就是实现透传的结果。

（3）通过网口和 web 方式将 WiFi 模块设为 AP 模式，实现电脑之间、电脑与手机之间的透明传输。

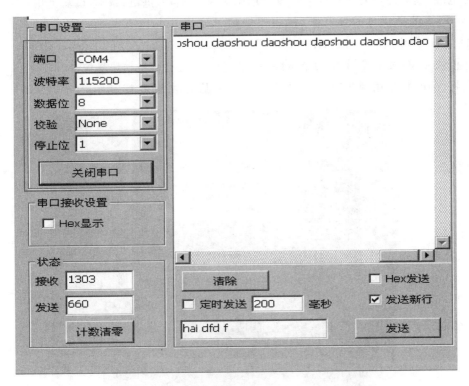

图 6-30　串口设置

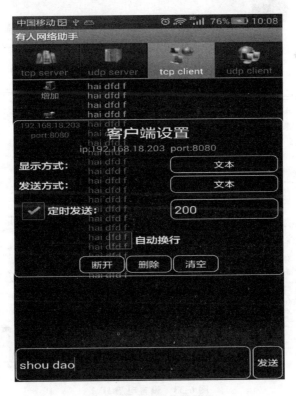

图 6-31　实现透传的结果

①电源开启：将开关 S_1 拨向 PW 端，使用箱体上的 5V 供电，WiFi 模块上电，等待 30 s 左右，WiFi 上的指示灯闪烁起来，代表模块启动完成。WiFi 模块有两种供电方式：外部 +5V 供电和 USB 供电，一般采用外部 +5V 供电。

②模块复位：按下 S_3 或 S_5 两个按键中任意一个超过 6 s，将模块复位。

③将 WiFi 模块用网线通过 LAN 口连接到电脑上，如图 6-32 所示。

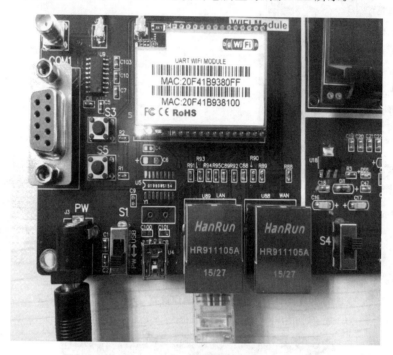

图 6-32　将 WiFi 模块连接到电脑上 1

④将电脑 IP 设置为 192.168.16.222。具体设置方式如图 6-33 所示。

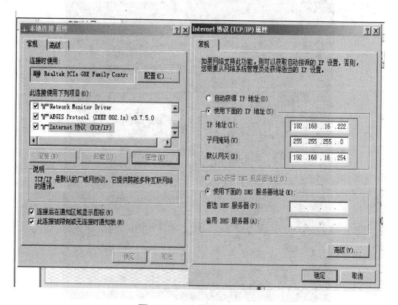

图 6-33　设置电脑 IP 1

⑤打开浏览器，在浏览器地址栏中输入 192.168.16.254，如图 6-34 所示。用户名和密

码都是 admin。

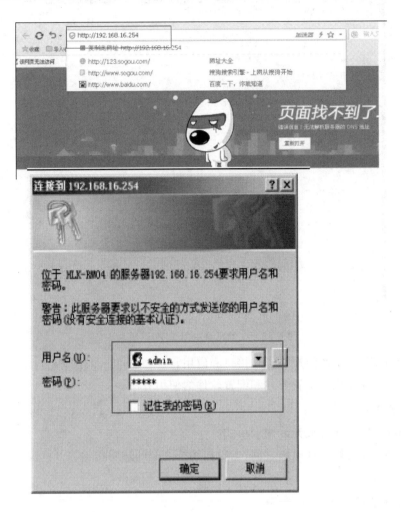

图 6-34　打开浏览器输入用户名和密码 1

⑥在浏览器中配置 WiFi 模块,具体配置方式如图 6-35 所示。

⑦配置完成后点击 Apply,这时候 WiFi 模块已经被设置成 AP 模式。

⑧电脑之间的透明传输可参考前述步骤(注意要连上 USB 转串口线)。

⑨电脑与手机之间的透明传输也可参考前述步骤(注意要连上 USB 转串口线)。

6. 实验要求

(1)完成实验报告。

(2)掌握通过网口和串口设置 WiFi 模块为 AP 模式的方法。

(3)掌握通过 WiFi 模块实现电脑之间、电脑与手机之间透明传输的方法。

(4)思考如果使用单片机连接 WiFi 模块串口,如何通过 WiFi 方式传送数据?

6.2.6　应用场景三　串口转 WiFi 应用无线网卡模式

1. 实验目的

(1)掌握 WiFi 的相关知识。

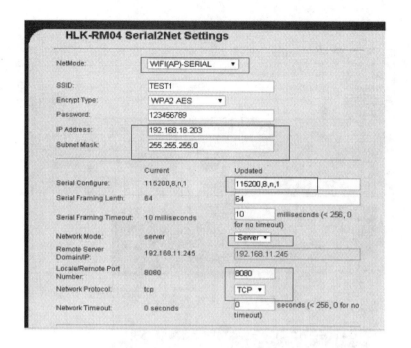

图 6-35　在浏览器中配置 WiFi 模块 1

（2）掌握 WiFi 模块的组成、功能、接口和应用。

（3）掌握 WiFi 模块的配置方式和配置软件的使用方法。

2. 实验内容

（1）将 WiFi 模块配置成无线网卡模式。

（2）通过 WiFi 模块实现电脑之间、电脑与手机之间的透明传输。

3. 实验仪器

（1）无线通信模块之 WiFi 部分。

（2）WiFi 配置软件及透传软件。

4. 实验原理

串口转 WiFi 应用无线网卡模式,是将 WiFi 模块通过串口和网口两种方式设置成无线网卡模式,连接到无线路由器上,与其他连接到同一个无线路由器的设备(如笔记本电脑、带有无线网卡的台式电脑、手机等)进行通信(透明传输),具体示意图如图 6-36 所示。

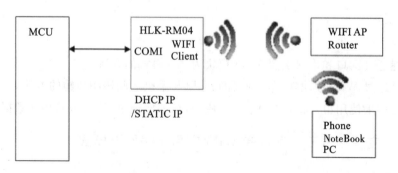

图 6-36　串口转 WiFi 应用无线网卡模式示意图

5. 实验步骤

（1）通过串口和配置软件将 WiFi 模块设置为无线网卡模式，实现电脑之间的透明传输。

① 电源开启：将开关 S_1 拨向 PW 端，使用箱体上的 5V 供电（WiFi 模块有两种供电方式：外部＋5V 供电和 USB 供电，一般采用外部＋5V 供电），WiFi 模块上电后，等待 30 s 左右，WiFi 模块上的指示灯开始闪烁，代表模块启动完成。如果需要重启模块，则按下 S_3 或 S_5 两个按键中任意一个超过 6 s，即可将模块重启。

② 天线和数据线连接：将短棒天线连接到 WiFi 模块中 J_4 天线座，WiFi 模块通过 USB 转串口线连接到电脑（一端连接 COM_1 口，一端连接电脑 USB 接口），接法如图 6-37 所示。

图 6-37　无线和数据线连接的接法 2

③ 搜索 WiFi 模块：短按按键 S_5 约 3 s，打开配置软件，选择好相应的串口（在电脑的"设备管理器"中查看串口设备的端口号），点击"搜索模块"，在命令执行和回复框中出现"Found Device at COM4(115200)"消息，代表找到模块，如图 6-38 所示。

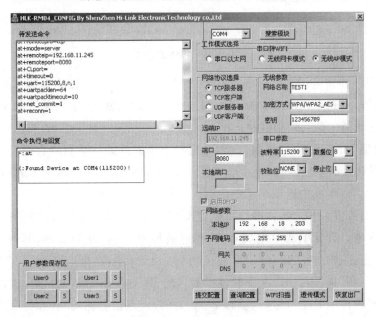

图 6-38　搜索模块 2

④配置 WiFi 模块:图 6-39 中给出了配置模板,在配置软件中选择"无线网卡模式"。无线参数中的"网络名称"是自己需要连接的无线路由器的名称(就是需要连接的那个 WiFi 路由器),"加密方式"选择路由器的加密方式,"密钥"输入路由器的密码,这里以 whes2 网络为例说明,注意这里要根据自己所处的网络环境设置相关参数,不可照搬图中的设置。在"网络参数"中,"启动 DHCP"前面不打勾,需要手动输入本地 IP,同时要根据自己连接路由器的网段来设置本地 IP,否则不能连接入网。指导书中以本地 IP 192.168.18.203(注意:这个 IP 地址与网络名为 whes2 的无线路由器的 IP 地址在一个网段内,但不能与网络其他 IP 地址相冲突),子网掩码 255.255.255.0 为例,具体参数应根据自己所在的网络来配置,不可照搬图中的设置。点击"提交配置","命名执行与回复"窗口出现如图 6-39 所示的字符,表示数据写进了模块。

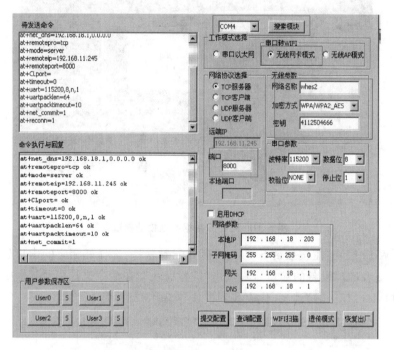

图 6-39 模块配置 2

⑤通过 WiFi 连接笔记本电脑或带有无线网卡的台式电脑:打开电脑无线网络连接,搜索可用的无线网络(这里以 whes2 网络为例),输入正确的密码,连接无线网络(注意电脑和 WiFi 模块要选择同一个无线路由器)。

⑥通过电脑 Ping 通 WiFi 模块:点击电脑左下角的开始→运行→在打开对话框中输入 CMD。在出现对话框中输入:ping 192.168.18.203,出现如图 6-40 所示的结果,表示 Ping 通了 WiFi 模块,WiFi 模块连接上了路由器。

⑦串口透明传输:用 USB 转串口线连接 COM₁ 口和电脑,打开软件"串口 & TCP/UDP 调试工具"。在串口设置中选中端口号,选择好波特率,一般为 115200,其他选项按图 6-41 所示选择。点击左侧的"打开串口"。右侧"网络设置"中,在"/CS 和协议"中选择 TCP_CLIENT,"远端 IP"选择自己在配置软件中写入的 IP,这里以 192.168.18.203 为例。"远端端口"选择配置软件中的端口号(这里以 8000 为例)。点击右侧的"连接",正常连接就可以实现透传了,可以在串口中发送任意字符,在网络中接收该字符;在网络中发送任意字符,则

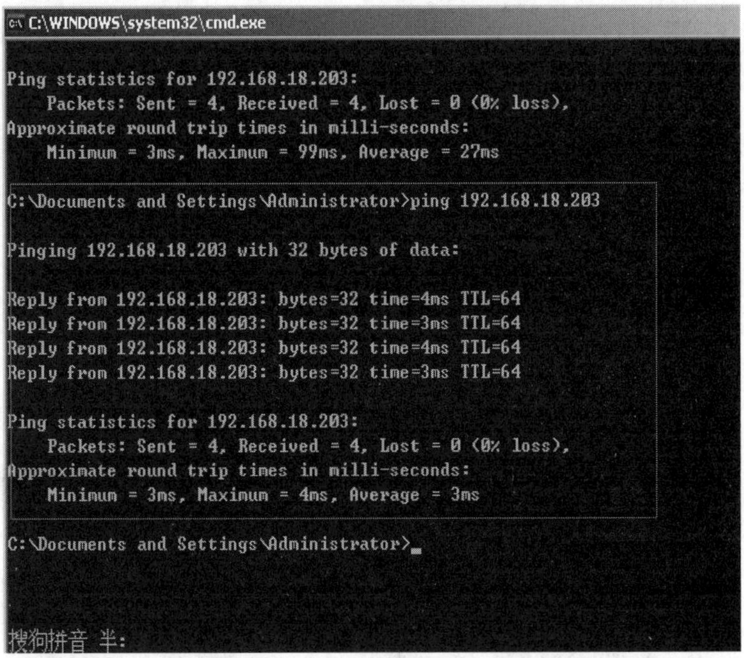

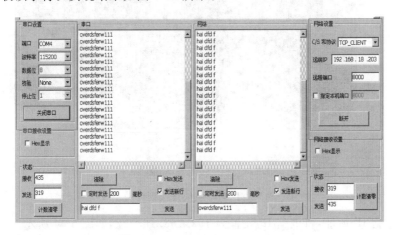

图 6-40　Ping 通 WiFi 模块

在串口中接收该字符。实现结果如图 6-41 所示。

图 6-41　串口设置及网络设置

⑧实验说明:为了便于理解,我们对实验做以下说明,如图 6-42 所示,我们使用的 WiFi 模块是电脑 1 与无线路由器连接的媒介,电脑 1 将数据通过串口传给 WiFi 模块,WiFi 模块又将这些数据上传给路由器,最后电脑或手机连接上路由器,实现与电脑 1 的数据交换。

(2)通过网口和 web 方式将 WiFi 模块设置为无线网卡模式,实现电脑之间的透明传输。

①电源开启:将开关 S_1 拨向 PW 端,使用箱体上的 5V 供电(WiFi 模块有两种供电方式:外部＋5V 供电和 USB 供电,一般采用外部＋5V 供电),WiFi 模块上电后,等待 30 s 左右,WiFi 模块上的指示灯开始闪烁,代表模块启动完成。如果需要重启模块,则按下 S_3 或 S_5 两个按键中任意一个超过 6 s,即可将模块重启。

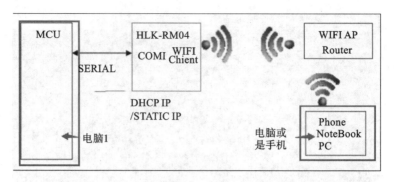

图 6-42　实验说明

②将 WiFi 模块用网线通过 LAN 口连接到电脑上，如图 6-43 所示。

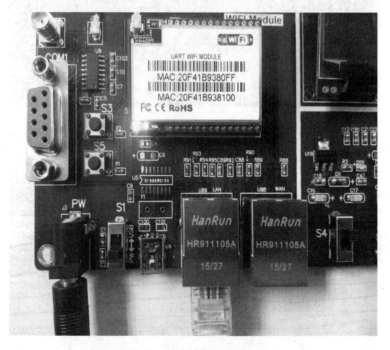

图 6-43　将 WiFi 模块连接到电脑上 2

③设置电脑 IP 地址：将电脑 IP 设置为 192.168.16.222，如图 6-44 所示。

④打开浏览器：在浏览器地址栏中输入 192.168.16.254，如图 6-45 所示，用户名和密码都是 admin。

⑤在浏览器中配置模块：具体配置方式如图 6-46 所示，注意图上是以 whes2 为例的，实际使用中应该根据自己的网络情况进行相关设置，不可照搬图中的设置。

⑥配置完成后点击 Apply，这时候 WiFi 模块已经被设置成无线网卡模式。

⑦电脑之间的透明传输可参考前述步骤（注意要连上 USB 转串口线）。

6. 实验要求

（1）完成实验报告。

（2）掌握通过网口和串口设置 WiFi 模块为无线网卡模式的方法。

（3）掌握通过 WiFi 模块实现电脑之间透明传输的方法。

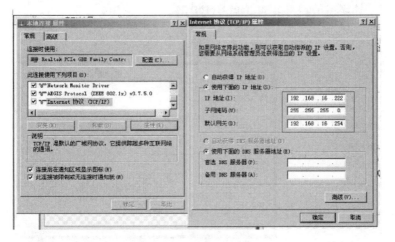

图 6-44 设置电脑 IP 2

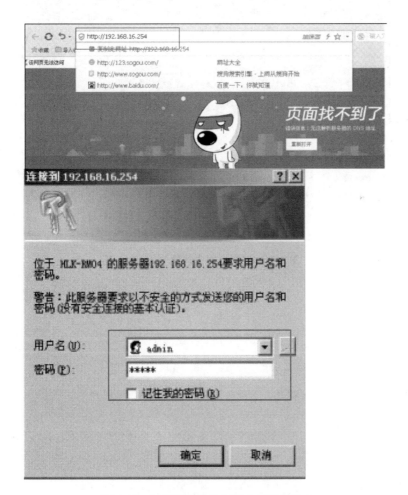

图 6-45 打开浏览器输入用户名和密码 2

(4) 思考如果使用单片机连接 WiFi 模块串口, 如何通过 WiFi 方式传送数据?

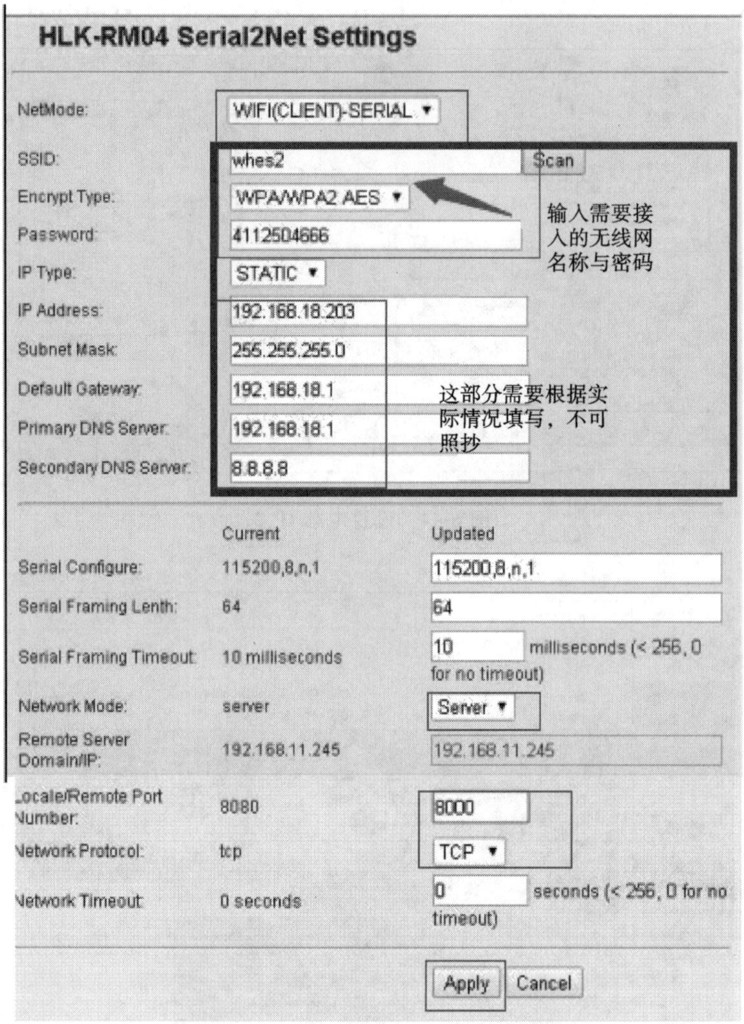

HLK-RM04 Serial2Net Settings

NetMode:	WIFI(CLIENT)-SERIAL ▼	
SSID:	whes2	Scan
Encrypt Type:	WPA/WPA2 AES ▼	输入需要接
Password:	4112504666	入的无线网
IP Type:	STATIC ▼	名称与密码
IP Address:	192.168.18.203	
Subnet Mask:	255.255.255.0	
Default Gateway:	192.168.18.1	这部分需要根据实
Primary DNS Server:	192.168.18.1	际情况填写，不可
Secondary DNS Server:	8.8.8.8	照抄

	Current	Updated
Serial Configure:	115200,8,n,1	115200,8,n,1
Serial Framing Lenth:	64	64
Serial Framing Timeout:	10 milliseconds	10 milliseconds (< 256, 0 for no timeout)
Network Mode:	server	Server ▼
Remote Server Domain/IP:	192.168.11.245	192.168.11.245
Locale/Remote Port Number:	8080	8000
Network Protocol:	tcp	TCP ▼
Network Timeout:	0 seconds	0 seconds (< 256, 0 for no timeout)

Apply Cancel

图 6-46　在浏览器中配置 WiFi 模块 2

第7章

ZigBee通信技术

知识点

- 技术介绍
- 网络安全策略

7.1 ZigBee 概述

"ZigBee"是什么？从字面上猜像是一种蜜蜂。因为"ZigBee"这个词由"Zig"和"Bee"两部分组成，"Zig"取自英文单词"zigzag"，意思是走"之"字形，"bee"英文是蜜蜂的意思，所以"ZigBee"就是跳着"之"字形舞的蜜蜂。不过，ZigBee 并非一种蜜蜂，事实上，它与蓝牙类似是一种新兴的短距离无线通信技术，国内也有人翻译成"紫蜂"。

这只"蜜蜂"的来头还是要从它的历史开始说起，早在 20 世纪末，就已经有人在考虑发展一种新的通信技术，用于传感控制应用（sensor and control），这个想法后来在 IEEE 802.15 工作组当中提出来，于是就成立了 TG4 工作组，并且制定了规范 IEEE 802.15.4。但是 IEEE 802 的规范只专注于底层，要达到产品的互操作和兼容，还需要定义高层的规范，于是 2002 年 ZigBee Alliance 成立，正式有了"ZigBee"这个名词。两年之后，ZigBee 的第一个规范 ZigBee V1.0 诞生，但这个规范推出得比较仓促，存在一些错误，并不实用。此后 ZigBee Alliance 又经过两年的努力，推出了新的规范 ZigBee 2006，这是一个比较完善的规范。

ZigBee 是一种新兴的短距离、低速率、低功耗无线网络技术，它是一种介于无线标记技术和蓝牙之间的技术提案。它此前被称作"HomeRF Lite"或"FireFly"无线技术，主要用于近距离无线连接。它有自己的无线电标准，在数千个微小的传感器之间相互协调实现通信。这些传感器只需要很低的功耗，以接力的方式通过无线电波将数据从一个传感器传到另一个传感器，因此它们的通信效率非常高。最后，这些数据就可以进入计算机用于分析或者被另外一种无线技术如 WiMax 收集。

从 ZigBee 的发展历史可以看到，它和 IEEE 802.15.4 有着密切的关系，事实上 ZigBee 的底层技术就是基于 IEEE 802.15.4 的，因此有一种说法认为 ZigBee 和 IEEE 802.15.4 是同一个东西，或者说"ZigBee"只是 IEEE 802.15.4 的名字而已，其实这是一种误解。实际上 ZigBee 和 IEEE 802.15.4 的关系，有点类似于 WiMax 和 IEEE 802.16、Wi-Fi 和 IEEE 802.11、Bluetooth 和 IEEE 802.15.1 之间的关系。"ZigBee"可以看作一个商标，也可以看作一种技术，当把它看作一种技术的时候，它表示一种高层的技术，而物理层和 MAC 层直接引用 IEEE 802.15.4。事物是不断发展变化的，尤其是通信技术，可以想象将来的 ZigBee 可能不会使用 IEEE 802.15.4 定义的底层，就跟蓝牙（bluetooth）宣布下一代底层采用 UWB 技术一样，但是"ZigBee"这个商标以及高层的技术还会继续保留。

7.2 ZigBee 协议栈速读

我们无法预料将来 ZigBee 会基于怎样的底层技术，只好从它现在的底层——IEEE 802.15.4 开始了解，IEEE 802.15.4 包括物理层和 MAC 层两部分。ZigBee 工作在三种频带上，分别是用于欧洲的 868 MHz 频带、用于美国的 915 MHz 频带，以及全球通用的 2.4 GHz频带，但这三个频带的物理层并不相同，它们各自的信道带宽分别是 0.6 MHz、2 MHz 和 5 MHz，分别有 1 个、10 个和 16 个信道。不同频带的扩频和调制方式也有所区别，虽然都使用了直接序列扩频（DSSS）的方式，但从比特到码片的变换方式有比较大的差别；调制方面都使用了调相技术，但 868 MHz 和 915 MHz 频段采用的是 BPSK，而 2.4 GHz

频段采用的是 OQPSK。我们可以以 2.4 GHz 频段为例看看发射机基带部分的框图（如图 7-1 所示），可以看到物理层部分非常简单，而 IEEE 802.15.4 芯片的低价格正是得益于底层的简单性。可能我们会担心它的性能，但我们可以再看看它和 Bluetooth/IEEE 802.15.1 以及 WiFi/IEEE 802.11 的性能比较（如表 7-1 所示），在同样比特信噪比的情况下，IEEE 802.15.4 要优于其他两者。直接序列扩频技术具有一定的抗干扰效果，同时在其他条件相同的情况下传输距离要大于跳频技术。在发射功率为 0dBm 的情况下，Bluetooth 通常能有 10 m 作用范围，而基于 IEEE 802.15.4 的 ZigBee 在室内通常能达到 30～50 m 作用距离，在室外如果障碍物较少，甚至可以达到 100 m 作用距离；同时调相技术的误码性能要优于调频和调幅技术。因此综合起来，IEEE 802.15.4 具有性能比较好的物理层。另一方面，我们可以看到 IEEE 802.15.4 的数据速率并不高，对于 2.4 GHz 频段只有 250 kb/s，而 868 MHz 频段只有 20 kb/s，915 MHz 频段只有 40 kb/s。因此我们完全可以把它归为低速率的短距离无线通信技术。

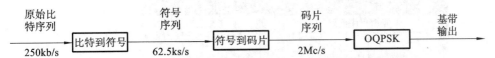

图 7-1　IEEE 802.15.4 物理层 2.4GHz 频段发射机基带框图

表 7-1　ZigBee 和 Bluetooth/IEEE 802.15.1 以及 WiFi/IEEE 802.11 的性能比较

	WiFi	蓝牙	UWB	ZigBee	NFC
传输速度	11～54 Mbps	1 Mbps	53～480 Mbps	100 kbps	106/212/424 kbps
通信距离	20～200 m	10 m	40 m	2～20 m	10 m
功耗	10～50 mA	20 mA	10～50 mA	5 mA	10 mA
穿透性	穿透性较弱	信号不稳定	穿透性较高	受环境干扰	信号不稳定
成本	高	低	高	低	低
安全性	低	高	高	中等	极高
主要应用	无线上网 PC、PDA	通信、汽车、IT、医疗、工业、多媒体等	高保真视频、无线硬盘	无线传感器、医疗	对讲机,执法仪、移动支付、电子门禁、身份识别

（以上为粗略数据,仅供参考。）

物理层的上面是 MAC 层，它的核心是信道接入技术，包括时分复用 GTS 技术和随机接入信道技术 CSMA/CA。不过 ZigBee 实际上并没有对时分复用 GTS 技术进行相关的支持，因此我们可以暂不考虑它，而专注于 CSMA/CA。ZigBee/IEEE 802.15.4 的网络所有节点都工作在同一个信道上，因此如果邻近的节点同时发送数据就有可能发生冲突。为此 MAC 层采用了 CSMA/CA 的技术，简单来说，就是节点在发送数据之前先监听信道，如果信道空闲则可以发送数据，否则就要进行随机的退避，即延迟一段随机时间，然后再进行监听，这个退避的时间是指数增长的，但有一个最大值，即如果上一次退避之后再次监听信道忙，则退避时间要增倍，这样做的原因是如果多次监听信道都忙，有可能表明信道上的数据量大，因此让节点等待更多的时间，避免频繁的监听。通过这种信道接入技术，所有节点竞争共享同一个信道。在 MAC 层当中还规定了两种信道接入模式，一种是信标（beacon）模式,另一种是非信标模式。信标模式当中规定了一种"超帧"的格式,在超帧的开始发送信标帧,里面含有一些时序以及网络的信息,紧接着是竞争接入时期,在这段时间内各节点以竞争方式接入信道,再后面是非竞争接入时期,节点采用时分复用的方式接入信道,然后是非活跃时期,节点进入休眠状态,等待下一个超帧周期的开始又发送信标帧。而非信标模式则比较灵活,节点均以竞争方式接入信道,不需要周期性地发送信标帧。显然,在信标模式当中由于有了周期性的信标,整个网络的所有节点都能进行同步,但这种同步网络的规模不会很大。实际上,在 ZigBee 当中用得更多的可能是非信标模式。

MAC 层往上就属于 ZigBee 真正定义的部分了,我们可以参看一下 ZigBee 的协议栈(如图 7-2 所示)。底层技术,包括物理层和 MAC 层由 IEEE 802.15.4 制定,而高层的网络层、应用支持子层(APS)、应用框架(AF)、ZigBee 设备对象(ZDO)和安全组件(SSP),均由 ZigBee Alliance 所制定。

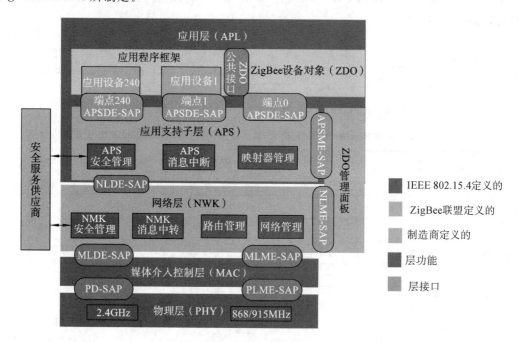

图 7-2　ZigBee 的协议栈

这些部分当中最下面的是网络层。和其他技术一样,ZigBee 网络层的主要功能是路由,路由算法是它的核心。目前 ZigBee 网络层主要支持两种路由算法——树路由和网状网路由。树路由采用一种特殊的算法,具体可以参考 ZigBee 的协议栈规范。它把整个网络看作是以协调器为根的一棵树,因为整个网络是由协调器所建立的,而协调器的子节点可以是路由器或者末端节点,路由器的子节点也可以是路由器或者末端节点,而末端节点没有子节点,相当于树的叶子。这种结构又好像蜂群的结构,协调器相当于蜂后,是唯一的,而路由器相当于雄蜂,数目不多,末端节点则相当于数量最多的工蜂。其实有很多地方仔细一想,就可以发现 ZigBee 和蜂群的许多暗合之处。树路由利用了一种特殊的地址分配算法,使用四个参数——深度、最大深度、最大子节点数和最大子路由器数来计算新节点的地址,于是寻址的时候根据地址就能计算出路径,而路由只有两个方向——向子节点发送或者向父节点发送。树状路由不需要路由表,节省存储资源,但缺点是很不灵活,浪费了大量的地址空间,并且路由效率低,因此常常作为最后的路由方法,或者干脆不用。ZigBee 当中还有一种路由方法是网状网路由,这种方法实际上是 AODV 路由算法的一个简化版本,非常适合于低成本的无线自组织网络的路由。它可以用于较大规模的网络,需要节点维护一个路由表,耗费一定的存储资源,但往往能达到最优的路由效率,而且使用灵活。除了这两种路由方法,ZigBee 当中还可以进行邻居表路由,其实邻居表可以看作是特殊的路由表,只需要一跳就可以发送到目的节点。

网络层的上面是应用层,包括了 APS、AF 和 ZDO 几部分,主要规定了一些和应用相关的功能,包括端点(endpoint)的规定,还有绑定(binding)、服务发现和设备发现等。其中端点是应用对象存在的地方,ZigBee 允许多个应用同时位于一个节点上,例如一个节点具有控制灯光的功能,又具有感应温度的功能,又具有收发本文消息的功能,这种设计有利于复杂 ZigBee 设备的出现。而绑定是用于把两个"互补的"应用联系在一起,如开关应用和灯的应用。更通俗的理解,"绑定"可以说是通信的一方了解另一方的通信信息的方法,比如开关需要控制"灯",但它一开始并不知道"灯"这个应用所在的设备地址,也不知道其端点号,于是它可以广播一个消息,当"灯"接收到之后给出响应,于是开关就可以记录下"灯"的通信信息,以后就可以根据记录的通信信息去直接发送控制信息了。服务发现和设备发现是应用层需要提供的,ZigBee 定义了几种描述符,对设备以及提供的服务可以进行描述,于是可以通过这些描述符来寻找合适的服务或者设备。

ZigBee 还提供了安全组件,采用了 AES128 的算法对网络层和应用层的数据进行加密保护,另外还规定了信任中心(trust center)的角色——全网有一个信任中心,用于管理密钥和管理设备,可以执行设置的安全策略。

ZigBee 的基础是 IEEE802.15.4(如图 7-3 所示),这是 IEEE 无线个人区域网(personal area network,PAN)工作组的一项标准,被称作 IEEE802.15.4(ZigBee)技术标准。

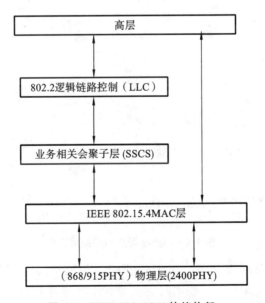

图 7-3　IEEE 802.15.4 协议构架

IEEE 仅处理低级 MAC 层和物理层协议,因此 ZigBee 联盟对其网络层协议和 API 进行了标准化。完全协议用于一次可直接连接到一个设备的基本节点的 4K 字节或者作为 Hub 或路由器的协调器的 32K 字节。每个协调器可连接多达 255 个节点,而几个协调器可形成一个网络,对路由传输的数目则没有限制。ZigBee 联盟还开发了安全层,以保证这种便携设备不会意外泄漏其标识,而且这种利用网络的远距离传输不会被其他节点获得。

7.3 ZigBee 性能分析

面对 ZigBee 协议栈做了一些介绍,要知道 ZigBee 能胜任什么工作,还需要做进一步的分析,主要有几个方面:数据速率、可靠性、时延、能耗特性、组网和路由。

ZigBee 的数据速率比较低,在 2.4GHz 的频段也只有 250 kb/s,而且这只是链路上的速率,除掉帧头开销、信道竞争、应答和重传,真正能被应用所利用的速率可能不足 100 kb/s,并且这余下的速率也可能要被邻近多个节点和同一个节点的多个应用所瓜分。所以我们不能奢望 ZigBee 去做一些如传输视频之类的高难度的事情,起码目前是这样,而应该聚焦于一些低速率的应用,比如人们早就给它找好的一个应用领域——传感和控制。

至于可靠性,ZigBee 有很多方面能保证,首先是物理层采用了扩频技术,能够在一定程度上抵抗干扰,而 MAC 层和应用层(APS 部分)有应答重传功能,另外 MAC 层的 CSMA 机制使节点发送之前先监听信道,也可以起到避开干扰的作用,网络层采用了网状网的组网方式(如图 7-4 所示),从源节点到达目的节点可以有多条路径,路径的冗余加强了网络的健壮性,如果原先的路径出现了问题,比如受到干扰,或者其中一个中间节点出现故障,ZigBee 可以进行路由修复,另选一条合适的路径来保持通信。据了解,在 ZigBee 2007 协议栈规范当中,会引入一个新的特性——频率捷变(frequency agility),这也是 ZigBee 加强其可靠性的一个重要特性。这个特性大致的意思是当 ZigBee 网络受到外界干扰,比如 WiFi 的干扰,无法正常工作时,整个网络可以动态地切换到另一个工作信道上。

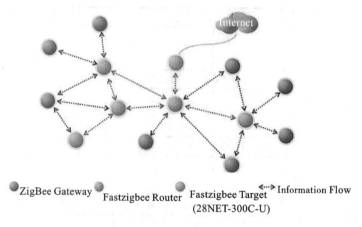

ZigBee Gateway   Fastzigbee Router   Fastzigbee Target   <--> Information Flow
(28NET-300C-U)

图 7-4 ZigBee 网状网的组网方式

时延也是一个重要的考察因素。由于 ZigBee 采用随机接入 MAC 层,并且不支持时分复用的信道接入方式,因此对于一些实时的业务并不能很好支持。而且由于发送冲突和多跳,使得时延变成一个不易确定的因素。

能耗特性是 ZigBee 的一个技术优势。通常情况下,ZigBee 节点所承载的应用数据速率都比较低,在不需要通信的时候,节点可以进入很低功耗的休眠状态,此时能耗可能只有正常工作状态的千分之一。由于一般情况下休眠的时间占总运行时间的大部分,有时可能只占正常工作时间的 1‰以内,因此达到很好的节能效果。在这种情况下,ZigBee 的网络有可能依靠普通的电池连续运转一两年。当然,ZigBee 节点能够方便地在休眠状态和正常运行状态之间灵活切换,和它底层的特性是分不开的。ZigBee 从休眠状态转换到活跃状态一般只需要十几毫秒,而且由于使用直接扩频而不是跳频技术,重新接入信道的时间也很快。

最后是组网和路由特性,它们属于网络层的特性,ZigBee 在这方面做得相当出色。首先是大规模的组网能力——ZigBee 可以支持每个网络多达六万多个节点,相比之下,Bluetooth 只支持每个网络 8 个节点。这是因为 ZigBee 的底层采用了直扩技术,如果采用非信标模式,网络可以扩展得很大,因为不需要同步。而且节点加入网络和重新加入网络的过程也很快,一般可以做到一秒以内甚至更快,而 Bluetooth 通常需要 3s 时间。在路由方面,ZigBee 支持可靠性很高的网状网的路由,因此可以布设范围很广的网络,并且支持多播和广播的特性,能够给丰富的应用带来有力的支撑。

7.4　ZigBee 应用

之前介绍了 ZigBee 的一些技术优势,也谈到了不足之处,目前有些说法把它跟其他的无线技术,如 WiFi、Bluetooth、RFID、NFC 等进行类比,说某种技术不如另一种,甚至说某种技术要取代另一种,这样的说法是片面的。作为一种低速率的短距离无线通信技术,ZigBee 有其自身的特点,因此应该有为它量身定做的应用,尽管在某些应用方面可能和其他技术重叠。下面就来简单看看 ZigBee 可能的一些应用,包括智能家庭、工业控制、自动抄表、医疗监护、传感器网络应用和电信应用。

1. 智能家庭

家里可能都有很多电器和电子设备,如电灯、电视机、冰箱、洗衣机、电脑、空调等,可能还有烟雾感应、报警器和摄像头等设备,以前我们最多可能就做到点对点的控制,但如果使用了 ZigBee 技术,可以把这些电子电器设备都联系起来,组成一个网络,甚至可以通过网关连接到 Internet,这样用户就可以方便地在任何地方监控自己家里的情况,并且省却了在家里布线的烦恼。

2. 工业控制

工厂环境当中有大量的传感器和控制器,可以利用 ZigBee 技术把它们连接成一个网络进行监控,加强作业管理,降低成本。

3. 自动抄表

抄表可能是大家比较熟悉的事情,像煤气表、电表、水表等,每个月或每个季度可能都要统计一下读数,报给煤气、电力或者供水公司,然后根据读数来收费。现在在大多数地方还是使用人工的方式来进行抄表,逐家逐户地敲门,很不方便。而 ZigBee 可以用于这个领域,利用传感器把表的读数转化为数字信号,通过 ZigBee 网络把读数直接发送到提供煤气或水电的公司。使用 ZigBee 进行抄表还可以带来其他好处,比如煤气或水电公司可以直接把一些信息发送给用户,或者和节能相结合,当发现能源使用过快的时候可以自动降低使用速度。

4. 医疗监护

电子医疗监护是最近的一个研究热点。在人体身上安装很多传感器,如测量脉搏、血压,监测健康状况,还有在人体周围环境放置一些监视器和报警器,如在病房环境,这样可以随时对人的身体状况进行监测,一旦发生问题,可以及时做出反应,比如通知医院的值班人员。这些传感器、监视器和报警器,可以通过 ZigBee 技术组成一个监测的网络,由于是无线技术,传感器之间不需要有线连接,被监护的人也可以比较自由地行动,非常方便。

5. 传感器网络应用

传感器网络也是最近的一个研究热点,像货物跟踪、建筑物监测、环境保护等方面都有很好的应用前景。传感器网络要求节点低成本、低功耗,并且能够自动组网、易于维护、可靠性高。ZigBee 在组网和低功耗方面的优势使得它成为传感器网络应用的一个很好的技术选择。

6. 电信应用

在 2006 年初的时候,意大利电信就宣布其研发了一种集成了 ZigBee 技术的 SIM 卡,并命名为"ZSIM"。其实这种 SIM 卡只是把 ZigBee 集成在电信终端上的一种手段。而 ZigBee 联盟也在 2007 年 4 月发布新闻,说联盟的成员在开发电信相关的应用。如果 ZigBee 技术真可以在电信领域发展起来,那么将来用户就可以利用手机来进行移动支付,并且在热点地区可以获得一些感兴趣的信息,如新闻、折扣信息,用户也可以通过定位服务获知自己的位置。虽然现在的 GPS 定位服务已经做得很好,但却很难支持室内的定位,而 ZigBee 的定位功能正好弥补了这一缺陷。

7.5 ZigBee 网络拓扑结构

学习了 ZigBee 的体系结构,联想到 TCP/IP 的体系结构,觉得似乎每个协议都是由 OSI 七层协议演化而来的,由图 7-3 可以看出 IEEE802.15.4 定义了物理层和 MAC 层,而 ZigBee 联盟定义了网络层、应用层技术规范,每一层为其上层提供特定的服务,即由数据服务实体提供数据传输服务;管理实体提供所有的其他管理服务。每个服务实体通过相应的服务接入点(SAP)为其上层提供一个接口,每个服务接入点通过服务原语来完成所对应的功能。各层介绍如下:

物理层定义了物理无线信道和 MAC 子层之间的接口,提供物理层数据服务和物理层管理服务。物理层数据服务从无线物理信道上收发数据。物理管理服务维护一个由物理层相关数据组成的数据库。

MAC 层负责处理所有的物理无线信道访问,并产生网络信号、同步信号;支持 PAN 连接和分离,提供两个对等 MAC 实体之间可靠的链路。MAC 层数据服务:保证 MAC 协议数据单元在物理层数据服务中正确收发。MAC 层管理服务:维护一个存储 MAC 子层协议状态相关信息的数据库。

ZigBee 网络目前有星形、树形和网状三种构架,可以根据实际项目需要来选择合适的 ZigBee 网络结构,三种 ZigBee 网络结构各有优势。

1. 星形拓扑

星形拓扑是最简单的一种拓扑形式,它包含一个 Co-ordinator(协调者)节点和一系列的 End Device(终端)节点。每一个 End Device 节点只能和 Co-ordinator 节点进行通信。如果需要在两个 End Device 节点之间进行通信必须通过 Co-ordinator 节点进行信息的转发。

2. 树形拓扑

树形拓扑包括一个 Co-ordinator(协调者)以及一系列的 Router(路由器)和 End Device(终端)节点。Co-ordinator 连接一系列的 Router 和 End Device,它的子节点的 Router 也可以连接一系列的 Router 和 End Device,这样可以重复多个层级。

树形拓扑结构的示意图如图 7-5 所示;星形拓扑结构的示意图如图 7-6 所示。

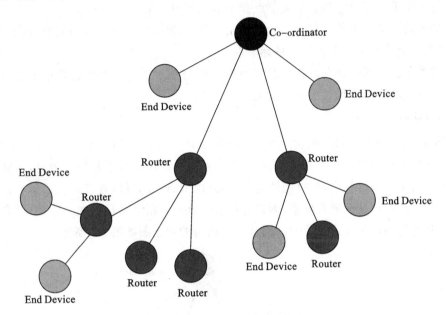

图 7-5　树形拓扑结构的示意图

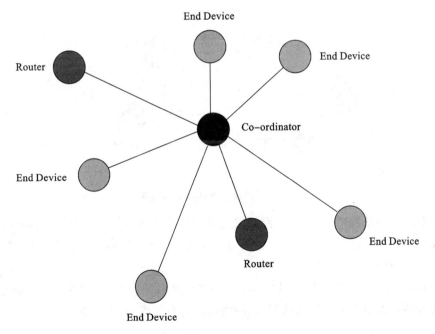

图 7-6　星形拓扑结构的示意图

需要注意以下几点：

(1)Co-ordinator 和 Router 节点可以包含自己的子节点。

(2)End Device 不能有自己的子节点。

(3)有同一个父节点的节点之间称为兄弟节点

(4)有同一个祖父节点的节点之间称为堂兄弟节点

树形拓扑中的通信规则如下：

(1)每一个节点都只能和它的父节点和子节点之间通信。

(2)如果需要从一个节点向另一个节点发送数据,那么信息将沿着树的路径向上传递到最近的祖先节点然后再向下传递到目标节点。

(3)这种拓扑方式的缺点就是信息只有唯一的路由通道。另外信息的路由是由协议栈层处理的,整个的路由过程对于应用层是完全透明的。

3. 网状拓扑

MESH 拓扑(网状拓扑)包含一个 Co-ordinator 以及一系列的 Router 和 End Device。这种网络拓扑形式和树形拓扑相同;请参考上面所提到的树形网络拓扑。但是,网状拓扑具有更加灵活的信息路由规则,在可能的情况下,路由节点之间可以直接进行通信。这种路由机制使得信息的通信变得更有效率,而且意味着一旦一个路由路径出现了问题,信息可以自动地沿着其他的路由路径进行传输。网状拓扑结构的示意图如图 7-7 所示。

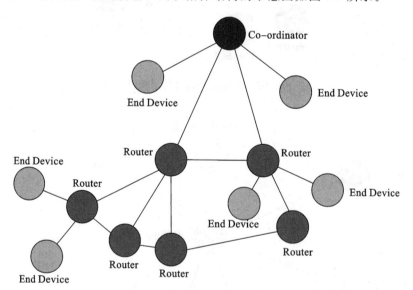

图 7-7　网状拓扑结构的示意图

通常在支持网状网络的实现上,网络层会提供相应的路由探索功能,这一特性使得网络层可以找到信息传输最优化的路径。需要注意的是,以上所提到的特性都是由网络层来实现的,应用层没有参与。

MESH 网状拓扑结构的网络具有强大的功能,网络可以通过“多级跳”的方式来通信;该拓扑结构还可以组成极为复杂的网络;网络还具备自组织、自愈功能。

7.6 ZigBee 网络路由协议

ZigBee 路由机制有以下几种。

1. Table Routing

源节点为了发现到目标节点的路径,首先源节点发送路由发现请求从而形成路由表。当两个节点之间的路由建立后,源节点只需要将数据发送给路由中的第一个节点,此节点存在于源节点的路由表中。因此每一个中间节点都通过查询自己的路由表将数据转发到路由的下一个节点,直到数据到达目标节点。如果路由失败,则将路由错误发送回给源节点,然后源节点可以重新发起路由发现请求。

2. Broadcast Routing

广播路由是在网络中给所有设备发送消息的一种路由机制。网络层广播具有选项可以选择是将消息只发送给路由设备,还是发送到非休眠的终端设备,或者还是发送到带休眠的终端设备。

广播地址与目标设备对应关系如表 7-2 所示。

表 7-2　广播地址与目标设备对应关系

广 播 地 址	目 标 设 备
0xFFFF	网络中所有设备
0xFFFE	预留
0xFFFD	网络中的非休眠设备
0xFFFC	网络中的协调器和所有路由设备

一条广播消息会被网络中所有路由设备重复广播 3 次,以确保传送到所有设备。虽然广播是发送消息的可靠方法,但由于对网络性能的影响,应谨慎使用广播。重复广播可能会限制网络中其他正在发生的通信。广播也不是给休眠设备发送消息的可靠方式,因为父设备负责缓冲发送给休眠子设备的消息,但可能会在休眠子设备唤醒前丢掉消息。

3. Multicast Routing

组播路由提供一对多通信的路由选项。当一个设备想要向一组设备发送消息时使用组播,例如一个开关向一组 10 个等发送开命令。在这种机制下,所有设备加入一个组中。只有那些属于该组成员的设备才会收到消息,而其他设备将路由转发这些组播消息。组播可以理解成被限制的广播,同样过多使用会降低网络性能。广播和组播都是没有 ACK 的。

4. Many-to-One/Source Routing

Many-to-One Source Routing 是一种简单的路由机制,使得整个网络中的路由设备拥有回到中心节点(集中器)的路由,在这种机制下,中心节点(集中器)周期性发送 Many-to-One route discovery 广播(默认 60 s,可以根据需求设置)。当网络中的路由设备收到这条广播之后,其拥有回到中心节点(集中器)的下一跳路由,并将此跳节点信息存储在自己的路由表中。至此,只要网络中的路由设备收到 Many-to-One route discovery 的广播,就知道回中心节点(集中器)的路由。

如图 7-8 所示 C 周期广播 Many-to-One route discovery,网络中的所有路由设备都知道自己到 C 的路由信息,并更新到自己的路由表中。

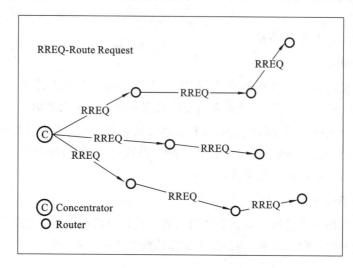

图 7-8　C 周期广播 Many-to-One route discovery

　　Source routing,是指中心节点(集中器)将发往其他路由设备的路由机制。对于中心节点(集中器)而言,其还不知道下行的路由,即将信息发往每个路由设备的路由还未知。因此当每个路由设备发送单播到中心节点时,会在此之前发送一条 Route Record 给中心节点。中心节点收到这条 Route Record,将这条路由反向并存储在中心节点的 Source routing 表里(表的大小需要储存网络中的所有路由设备的源路由信息)。这样,中心节点就可以通过查询 Source routing 表来获取发给目的节点的路由。

　　如图 7-9 所示,R1 向 C 发送单播数据时,会先发一个自己的路由信息给 C,C 收到 R1 的路由信息时会把路由反向储存到自己的源路由表中,同理,源路由表会记录网络中所有路由设备的路由信息。

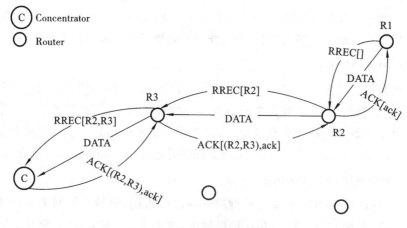

图 7-9　R1 向 C 发送单播数据

　　总之,只要路由设备收到 Many-to-One route discovery 广播,就知道回到中心节点的路由。只要中心节点的 Source routing 表里面有路由设备的信息,则中心节点就知道发往该路由设备的路由。

如果异常情况下中心节点(集中器)复位或断电重启,其 Source routing 表的信息会全部丢失,此时需要有相应的机制来恢复其 Source routing 表。在此情况下,可以使中心节点(集中器)先广播 Many-to-One route discovery,之后再广播一条数据到各路由节点,使得路由节点向中心节点(集中器)回复一条单播,路由节点在发送此条单播之前会发送 Route Record,因此中心节点可以更新其 Source routing 表。如果在某种异常情况下路由节点全部断电或重启,其中各路由节点的路由表也会丢失,此时需要等待 16 s 左右之后,每个路由节点建立起与邻居路由节点的链路之后,再由中心节点(集中器)发送 Many-to-One route discovery 广播,一旦各路由节点设备收到 Many-to-One route discovery 广播,就拥有了回到中心节点的路由。

5. TI 协议栈升级后的变化

(1)根据 ZigBee Aliance 的 ZigBee Specification 进行一些新的 Feature 添加,比方说 ZigBee2007 是树形的路由,在 ZigBee Pro 中有了 Mesh 路由,并且提出了 MTO 和 SourceRouting 等路由算法,所以 TI 把相应新的功能添加到协议栈上去。当然有一部分是 Spec 中相关 bug 的修正,比方说有些描述模棱两可的。

(2)TI ZigBee 协议栈本身软件 bug 的修复。一个版本的协议栈相对于之前一个版本协议栈的区别,都可以在协议栈安装目录下的 Release Note 中找到。

6. Z-Stack Home 1.2.1 协议栈

在 Z-Stack 2.5.1a 以后,TI 的协议栈并没有继续以 Z-Stack 2.6.x 的形式直接发布,而是按照 ApplicationProfile 的方式发布了,原因在于 TI 希望开发者根据实际的应用选择更有针对性的协议栈进行开发。像 Z-Stack Home 1.2.1 之类的协议栈,主要包括下面两部分。

1)核心协议栈 Core Stack

这部分起始就是之前的 Z-Stack2.5.1a 以后的延续版本,可以在协议栈安装目录下 Z-Stack CoreRelease Notes. txt 文件中找到。

2)应用协议栈 Profile

这部分主要跟实际应用相关的,Home Automation 协议栈里都是 ZigBee HomeAutomationProfile 相关的实现。同样 Z-Stack Lghting 1.0.2 和 Z-Stack Energy 1.0.1 也是一个 Core Stack 再加上应用上的 Profile。

7. Z-Stack Energy 1.0.1 针对智能能源、Meter、In Home Display 等相关产品的开发

Z-Stack Mesh 1.0.0针对相关私有应用产品的开发,只利用标准 ZigBee 协议相关功能、Mesh 路由等,应用层由开发者自己定义,如图 7-10 所示。

在 ZigBee 联盟发布 ZigBee 3.0 协议以后,最新的 ZigBee 协议栈是 Z-Stack 3.0,目前支持的设备有 CC2530 和 CC2538。

8. ZigBee 组网原理介绍

ZigBee 组建一个完整的网络包含两个步骤:网络初始化和节点加入网络。其中,节点加入网络可以分为通过协调器直接连接入网和通过已有父节点入网。下面来依次说明。

1)网络初始化

ZigBee 网络初始化只能是由网络协调器发起的,在组建网络前,需要判断本节点还没有

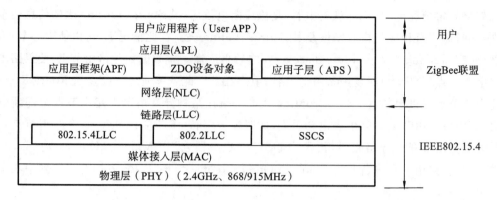

图7-10　Z-Stack Mesh 1.0.0针对相关私有应用产品的开发

与其他网络连接。如果节点已经与其他网络连接,则此节点只能作为该网络的子节点。一个 ZigBee 网络中有且仅有一个 ZigBee 协调器,一旦网络建立好了,协调器就退化成路由器的角色,甚至是可以去掉协调器的,这一切得益于 ZigBee 网络的分布式特性。

ZigBee 网络初始化流程图如图 7-11 所示。

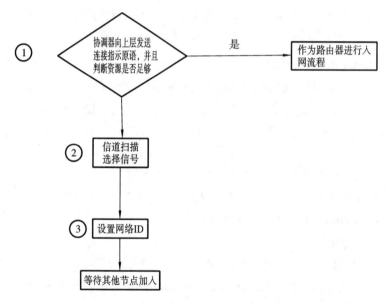

图 7-11　ZigBee 网络初始化流程图

每层详细解释如下:

(1)协调器通过主动扫描,发送信标请求命令(beacon request command),设置一个扫描期限(T_scan_duration),如果在期限内没有检测到回应信标,则认为在其范围内没有其他协调器,那么此时可以建立自己的 ZigBee 网络,并且作为网络的协调器。非信标网络的设备会等待请求,信标网络的设备会周期性地产生信标并且广播出去。

(2)能量扫描。

对指定信道或者默认信道进行能量检测,以避免可能的干扰,以递增的方式对所检测的信道能量值进行排序,抛弃那些能量值超出范围的信道,选择一系列可用信道。

(3)主动扫描。

接着通过主动扫描的方式,获取节点通信半径内的网络信息,然后根据这些信息,找一个最好的、相对安静的信道。最后选择的信道应该是存在最少的 ZigBee 网络,最好是没有 ZigBee 网络。

(4)在所选定的信道上,网络 ID(PAN ID)必须是唯一的,不能和其他 ZigBee 网络冲突,不能为广播地址(0xFFFF)。可以使用设定的 PAN ID,也可以通过监听其他网络的 ID 来随机选择一个不会冲突的 ID 号。当路由节点或者设备入网时,协调器会给节点分配短地址来进行通信。对于协调器来说,网络地址始终为 0x0000。

ZigBee 设备的入网流程,详见图 7-12。

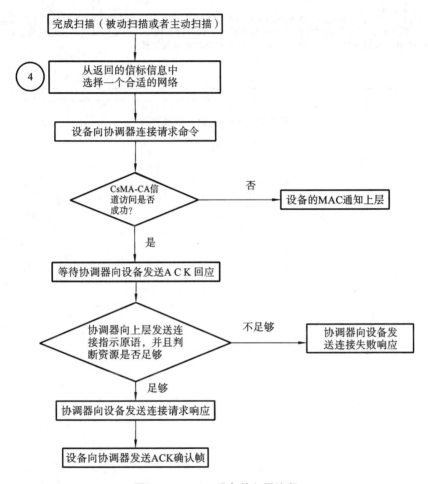

图 7-12　ZigBee 设备的入网流程

2)节点加入网络

节点入网将选择范围内信号最强的父节点加入网络,成功加入后,会得到一个网络短地址,并通过这个地址进行数据的收发。网络拓扑关系和地址会保存在各自的 flash 中。

选择一个合适的 ID 后,设备的上层会请求 MAC 层对物理层和 MAC 层的 phyCurrentChannel、macPANID 等 PIB 属性进行相应的设置。

3)ZigBee 设备分离过程

ZigBee 设备分离过程如图 7-13 所示。

ZigBee设备分离过程

正常的分离过程:

1.协调器主动要求设备分离

协调器向设备发送解除连接命令,不管设备是否有ACK回应,协调器都认为该设备已经分离。

2.已连接设备主动分离

设备主动向协调器发送解除连接命令,不管有没有收到协调器的ACK回应,设备都认为自己已经分离。

3.异常分离过程

由于设备突然断电或者被阻挡覆盖而造成的分离。前一种,在重启后,会发起孤儿请求连接。后一种,设备会尝试重传并等待ACK响应,如果没有响应,设备则认为自己已经失去联系,间隔一段时间(默认为1s后),节点重新并且不断地发起扫描。

图 7-13 ZigBee 设备分离过程

第8章

ZigBee模块
基础实验

知识点

- ZigBee 模块基础实验简介
- ZigBee 模块基础实验分析

8.1 跑马灯实验

◆ 8.1.1 实验目的

(1)掌握 STM32 的 I/O 口初始化配置。

(2)掌握控制 STM32 的 I/O 口输出。

◆ 8.1.2 实验内容

(1)配置 STM32F4 的 GPIO。

(2)编写 GPIO 作为输出实现跑马灯效果的程序。

(3)下载验证。

◆ 8.1.3 实验仪器

ZigBee 网关模块,其中用到了两个 LED(D11 和 D12)。

◆ 8.1.4 实验原理

1.项目目录结构简介

先介绍下本开发板项目目录结构,打开发货光盘的"..\STM32F407_Zigbee 网关模块
\例程\MySTM32F407"文件夹,里面有几个文件夹,如图 8-1 所示。

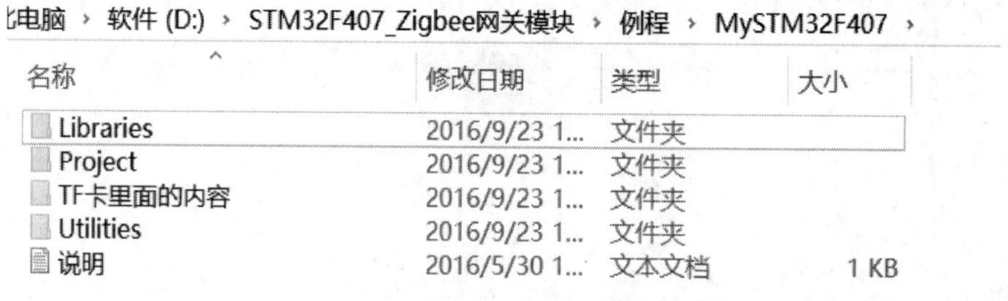

比电脑 › 软件 (D:) › STM32F407_Zigbee网关模块 › 例程 › MySTM32F407 ›			
名称 ^	修改日期	类型	大小
Libraries	2016/9/23 1...	文件夹	
Project	2016/9/23 1...	文件夹	
TF卡里面的内容	2016/9/23 1...	文件夹	
Utilities	2016/9/23 1...	文件夹	
说明	2016/5/30 1...	文本文档	1 KB

图 8-1 发货光盘中的几个文件夹

其中,Libraries 目录下存放的是 ST 官方驱动库文件,版本是 v1.7.0,如图 8-2 所示。

F4StdPeriphDriver 文件夹下,每一个源文件 stm32f4xx_xxx.c 都对应一个头文件
stm32f4xx_xxx.h。分组内的文件我们可以根据工程需要添加和删除,但是一定要注意如果
引入了某个源文件,一定要在头文件 stm32f4xx_conf.h 中确保对应的头文件也已经添加。
比如跑马灯实验,我们只添加了 5 个源文件,那么对应的头文件必须确保在 stm32f4xx_
conf.h 内也包含进来,否则工程会报错。

F4CORE 文件夹下,存放的是固件库必需的核心文件和启动文件,这里面的文件用户不
需要修改,大家可以根据自己的芯片型号选择对应的启动文件。

Utilities 目录下存放的是开发板公共资源,如图 8-3 所示。

Common 文件夹下存放的是本开发板常用的系统函数,如延时函数 delay、串口函数

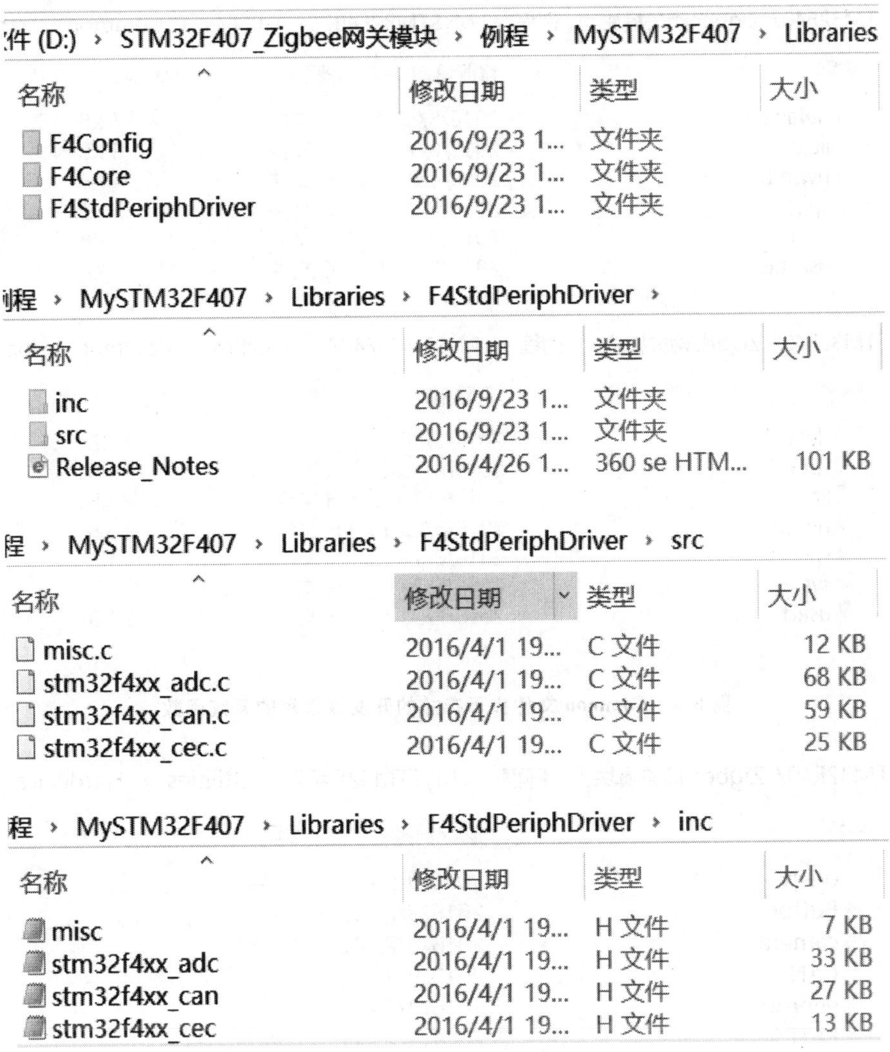

图 8-2　Libraries 目录下的 ST 官方驱动库文件

图 8-3　Utilities 目录下存放的开发板公共资源

usart、中断函数 spi 等，如图 8-4 所示。

　　Hardware 文件夹下存放的是本开发板常用的硬件驱动函数，如图 8-5 所示。

　　Project 目录下存放的是本开发板实例工程文件及主函数等，如图 8-6 所示，STM32F4xx_StdPeriph_Examples 为官方提供的实例程序，供参考。

　　TF 卡里面的内容其目录下是拷到 SD 卡里的内容，是各种字库文件，如图 8-7 所示。

STM32F407_Zigbee网关模块 › 例程 › MySTM32F407 › Utilities › Common › src

名称	修改日期	类型	大小
delay.c	2016/5/30 1...	C 文件	7 KB
iic.c	2016/6/7 11...	C 文件	6 KB
pwm.c	2016/6/20 1...	C 文件	6 KB
spi.c	2016/6/30 1...	C 文件	5 KB
sys.c	2016/9/23 1...	C 文件	9 KB
usart.c	2016/9/22 1...	C 文件	13 KB

STM32F407_Zigbee网关模块 › 例程 › MySTM32F407 › Utilities › Common › inc

名称	修改日期	类型	大小
delay	2016/5/30 1...	H 文件	1 KB
font	2016/6/13 1...	H 文件	74 KB
iic	2016/6/7 11...	H 文件	2 KB
pwm	2016/6/20 1...	H 文件	1 KB
spi	2016/6/12 1...	H 文件	1 KB
sys	2016/6/24 1...	H 文件	3 KB
usart	2016/9/23 1...	H 文件	2 KB

图 8-4 Common 文件夹下存放的开发板常用的系统函数

TM32F407_Zigbee网关模块 › 例程 › MySTM32F407 › Utilities › Hardware

名称	修改日期	类型	大小
beep	2016/9/23 1...	文件夹	
Button	2016/9/23 1...	文件夹	
camera	2016/9/23 1...	文件夹	
CAN	2016/9/23 1...	文件夹	
eeprom	2016/9/23 1...	文件夹	
FATFS	2016/9/23 1...	文件夹	
flash	2016/9/23 1...	文件夹	
IR	2016/9/23 1...	文件夹	
Lcd	2016/9/23 1...	文件夹	
Led	2016/9/23 1...	文件夹	
Relay	2016/9/23 1...	文件夹	
RS232_485	2016/9/23 1...	文件夹	
RS485	2016/9/23 1...	文件夹	
SRAM	2016/9/23 1...	文件夹	
Temperature	2016/9/23 1...	文件夹	
tfcard	2016/9/23 1...	文件夹	
zigbee	2016/9/23 1...	文件夹	

图 8-5 Hardware 文件夹下存放的开发板常用的硬件驱动函数

双击打开例程 1,路径为:..\STM32F407_Zigbee 网关模块\例程\MySTM32F407\Project\Project_01_Led\Obj\ Project_led ,如图 8-8 所示。

2. STM32F4 芯片 I/O 口简介

在固件库中,GPIO 端口操作对应的库函数以及相关定义在文件 stm32f4xx_gpio.h 和

例程 › MySTM32F407 › Project › Project_01_Led › Obj ›

名称	修改日期	类型	大小
DebugConfig	2016/9/23 1...	文件夹	
Listings	2016/9/23 1...	文件夹	
Objects	2016/9/24 1...	文件夹	
keilkilll	2016/6/7 13...	Windows 批...	1 KB
Project_led.uvguix.MaiBenB...	2016/9/23 1...	MAIBENBE...	70 KB
Project_led.uvguix.罗	2016/9/13 1...	罗 文件	71 KB
Project_led.uvguix_MaiBenB...	2016/9/23 1...	BAK 文件	70 KB
Project_led.uvoptx	2016/9/23 1...	UVOPTX 文件	30 KB
Project_led	2016/9/23 1...	礛ision5 Pro...	27 KB
Project_led_Led.dep	2016/9/23 1...	DEP 文件	50 KB
Project_led_uvoptx.bak	2016/9/13 1...	BAK 文件	29 KB
Project_led_uvprojx.bak	2016/6/7 13...	BAK 文件	27 KB

图 8-6　Project 目录下存放的开发板实例工程文件及主函数

程 › MySTM32F407 › TF卡里面的内容 › SYSTEM › FONT

名称	修改日期	类型	大小
ASC12	2016/6/13 1...	字体文件	2 KB
ASC16	2016/6/13 1...	字体文件	3 KB
ASC24	2016/6/13 1...	字体文件	7 KB
ASC32	2016/6/13 1...	字体文件	9 KB
GBK12	2016/6/14 1...	字体文件	562 KB
GBK16	2016/6/14 1...	字体文件	749 KB
GBK24	2016/6/14 1...	字体文件	1,684 KB
GBK32	2016/6/14 1...	字体文件	2,993 KB
U2G_G2U.bin	2016/7/1 13...	BIN 文件	171 KB

图 8-7　TF 卡里面的内容

stm32f4xx_gpio.c 中。相对于 STM32F1 来说,STM32F4 的 GPIO 设置显得更为复杂,也更加灵活,尤其是复用功能部分,比 STM32F1 改进了很多,使用起来更加方便。STM32F4 每组通用 I/O 端口包括 4 个 32 位配置寄存器(MODER、OTYPER、OSPEEDR 和 PUPDR)、2 个 32 位数据寄存器(IDR 和 ODR)、1 个 32 位置位/复位寄存器(BSRR)、1 个 32 位锁定寄存器(LCKR)和 2 个 32 位复用功能选择寄存器(AFRH 和 AFRL)等,如图 8-9 所示。这样,STM32F4 每组 I/O 有 10 个 32 位寄存器控制,其中常用的有 4 个配置寄存器+2 个数据寄存器+2 个复用功能选择寄存器,共 8 个,如果在使用的时候,每次都直接操作寄存器配置 I/O,代码会比较多,也不容易记住,所以我们在讲解寄存器的同时会讲解是用库函数配置 I/O 的方法。同 STM32F1 一样,STM32F4 的 I/O 可以由软件配置成如下 8 种模式中的任何一种:

(1)输入浮空;

(2)输入上拉;

(3)输入下拉;

图 8-8　打开例程 1

31	30	29	28	27	26	25	24	23	22	21	20	19	18	17	16
MODER15[1:0]		MODER14[1:0]		MODER13[1:0]		MODER12[1:0]		MODER11[1:0]		MODER10[1:0]		MODER9[1:0]		MODER8[1:0]	
rw	rw	rw	rw	rw	rw	rw	rw	rw	rw	rw	rw	rw	rw	rw	rw

15	14	13	12	11	10	9	8	7	6	5	4	3	2	1	0
MODER7[1:0]		MODER6[1:0]		MODER5[1:0]		MODER4[1:0]		MODER3[1:0]		MODER2[1:0]		MODER1[1:0]		MODER0[1:0]	
rw	rw	rw	rw	rw	rw	rw	rw	rw	rw	rw	rw	rw	rw	rw	rw

MODEy[1:0]：端口 x 配置位（Port x configuration bits）（y=0～15）
这些位通过软件写入,用于配置I/O 方向模式.
00:输入（复位状态）
01:通用输出模式
10：复用功能模式
11：模拟模式

图 8-9　STM32F4 芯片 I/O 口简介

（4）模拟输入；

（5）开漏输出；

（6）推挽输出；

（7）推挽式复用功能；

（8）开漏式复用功能。

关于这些模式的介绍及应用场景，这里就不详细介绍了，感兴趣的朋友，可以查看 STM32F4XX 参考手册。

3. GPIO 寄存器及其配置介绍

（1）I/O 配置常用的 8 个寄存器：MODER、OTYPER、OSPEEDR、PUPDR、ODR、IDR、AFRH 和 AFRL。

MODER 寄存器是 GPIO 端口模式控制寄存器，用于控制 GPIOx（STM32F4 最多有 9 组 I/O，分别用大写字母表示，即 x＝A/B/C/D/E/F/G/H/I，下同）的工作模式，该寄存器各位描述如图 8-10 所示。

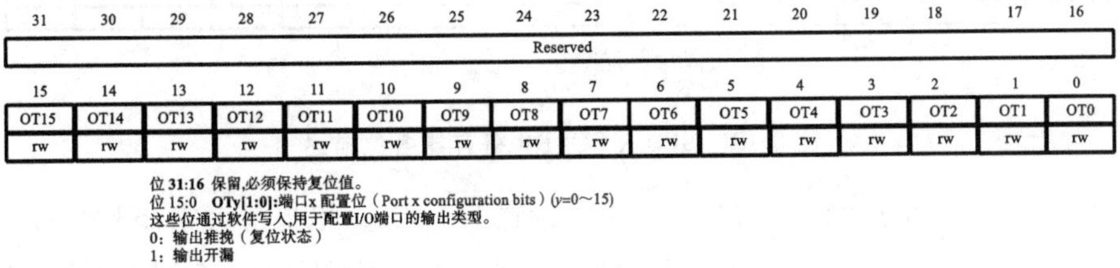

位 31:16 保留,必须保持复位值。
位 15:0 OTy[1:0]:端口x 配置位（Port x configuration bits）(y=0～15)
这些位通过软件写入,用于配置I/O端口的输出类型。
0: 输出推挽（复位状态）
1: 输出开漏

图 8-10 GPIOx MODER 寄存器各位描述

该寄存器各位在复位后，一般都是 0（个别不是 0，比如 JTAG 占用的几个 I/O 口），也就是默认条件下一般是处于输入状态的。每组 I/O 下有 16 个 I/O 口，该寄存器共 32 位，每 2 个位控制 1 个 I/O。

（2）然后看 OTYPER 寄存器，该寄存器用于控制 GPIOx 的输出类型，该寄存器各位描述如图 8-11 所示。

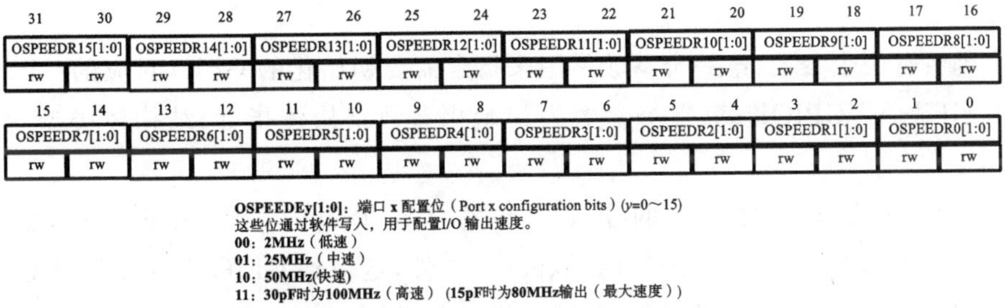

OSPEEDEy[1:0]: 端口 x 配置位（Port x configuration bits）(y=0～15)
这些位通过软件写入,用于配置I/O 输出速度。
00: 2MHz（低速）
01: 25MHz（中速）
10: 50MHz(快速)
11: 30pF时为100MHz（高速）(15pF时为80MHz输出（最大速度））

图 8-11 GPIOx OTYPER 寄存器各位描述

该寄存器仅用于输出模式，在输入模式（MODER[1:0]＝00/11 时）下不起作用。该寄存器低 16 位有效，每一个位控制一个 I/O 口，复位后，该寄存器值均为 0。

（3）然后看 OSPEEDR 寄存器，该寄存器用于控制 GPIOx 的输出速度，该寄存器各位描述如图 8-12 所示。

该寄存器也仅用于输出模式，在输入模式（MODER[1:0]＝00/11 时）下不起作用。该寄存器每 2 个位控制一个 I/O 口，复位后，该寄存器值一般为 00。

31	30	29	28	27	26	25	24	23	22	21	20	19	18	17	16
PUPDR15[1:0]		PUPDR14[1:0]		PUPDR13[1:0]		PUPDR12[1:0]		PUPDR11[1:0]		PUPDR10[1:0]		PUPDR9[1:0]		PUPDR8[1:0]	
rw	rw	rw	rw	rw	rw	rw	rw	rw	rw	rw	rw	rw	rw	rw	rw

15	14	13	12	11	10	9	8	7	6	5	4	3	2	1	0
PUPDR7[1:0]		PUPDR6[1:0]		PUPDR5[1:0]		PUPDR4[1:0]		PUPDR3[1:0]		PUPDR2[1:0]		PUPDR1[1:0]		PUPDR0[1:0]	
rw	rw	rw	rw	rw	rw	rw	rw	rw	rw	rw	rw	rw	rw	rw	rw

PUPDRy[1:0]:端口 x 配置位（Port x configuration bits）(y=0~15)
这些位通过软件写入，用于配置I/O 上拉或下拉。
00：上拉或下拉
01：上拉
10：下拉
11：保留

图 8-12　GPIOx OSPEEDR 寄存器各位描述

（4）然后看 PUPDR 寄存器，该寄存器用于控制 GPIOx 的上拉/下拉，该寄存器各位描述如图 8-13 所示。

31	30	29	28	27	26	25	24	23	22	21	20	19	18	17	16
Reserved															

15	14	13	12	11	10	9	8	7	6	5	4	3	2	1	0
ODE15	ODR14	ODE13	ODR12	ODE11	ODE10	ODE9	ODE8	ODE7	ODE6	ODE5	ODE4	ODE3	ODE2	ODE1	ODE0
rw	rw	rw	rw	rw	rw	rw	rw	rw	rw	rw	rw	rw	rw	rw	rw

位 31:16 保留，必须保持复位值。
位 15:0 ODRy[15:0]: 端口输出数据（Port output data）(y=0~15)
这些位可通过软件读取和写入。

图 8-13　GPIOx PUPDR 寄存器各位描述

该寄存器每 2 个位控制一个 I/O 口，用于设置上下拉，这里提醒大家，STM32F1 是通过 ODR 寄存器控制上下拉的，而 STM32F4 则由单独的寄存器 PUPDR 控制上下拉，使用起来更加灵活。复位后，该寄存器值一般为 0。

（5）前面我们讲解了 4 个重要的配置寄存器。顾名思义，配置寄存器就是用来配置 GPIO 的相关模式和状态，接下来我们讲解怎么在库函数中初始化 GPIO 的配置。GPIO 相关的函数和定义分布在固件库文件 stm32f4xx_gpio.c 和头文件 stm32f4xx_gpio.h 文件中。

在固件库开发中，操作四个配置寄存器初始化 GPIO 是通过 GPIO 初始化函数完成的：

```
void GPIO_Init (GPIO_TypeDef * GPIOx, GPIO_InitTypeDef * GPIO_InitStruct)
```

这个函数有两个参数：第一个参数是用来指定需要初始化的 GPIO 对应的 GPIO 组，取值范围为 GPIOA~GPIOK；第二个参数为初始化参数结构体指针，结构体类型为 GPIO_InitTypeDef。

下面我们看看这个结构体的定义。首先打开 Project_01_Led 实验，然后找到 F4StdPeriphDriver 组下面的 stm32f4xx_gpio.c 文件，定位到 GPIO_Init 函数体处，双击入口参数类型 GPIO_InitTypeDef 后右键选择"Goto definition of…"可以查看结构体的定义：

```
typedef struct
{
    uint32_t GPIO_Pin;
    GPIOMode_TypeDef GPIO_Mode;
    GPIOSpeed_TypeDef GPIO_Speed;
    GPIOOType_TypeDef GPIO_OType;
    GPIOPuPd_TypeDef GPIO_PuPd;
```

}GPIO_InitTypeDef;

下面我们通过一个 GPIO 初始化实例来讲解这个结构体的成员变量的含义。通过初始化结构体初始化 GPIO 的常用格式是：

GPIO_InitTypeDef GPIO_InitStructure;

GPIO_InitStructure.GPIO_Pin=GPIO_Pin_9//GPIOF9

GPIO_InitStructure.GPIO_Mode=GPIO_Mode_OUT;//普通输出模式

GPIO_InitStructure.GPIO_Speed=GPIO_Speed_100MHz;//100MHz

GPIO_InitStructure.GPIO_OType=GPIO_OType_PP;//推挽输出

GPIO_InitStructure.GPIO_PuPd=GPIO_PuPd_UP;//上拉

GPIO_Init(GPIOF,&GPIO_InitStructure);//初始化 GPIO

上面代码的意思是设置 GPIOF 的第 9 个端口为推挽输出模式，同时速度为 100M，上拉。

从上面初始化代码可以看出，结构体 GPIO_InitStructure 的第一个成员变量 GPIO_Pin 用来设置是要初始化哪个或者哪些 I/O 口，这个很好理解；第二个成员变量 GPIO_Mode 是用来设置对应 I/O 端口的输出输入端口模式，这个值实际就是配置我们前面讲解的 GPIOx 的 MODER 寄存器的值。在 MDK 中是通过一个枚举类型定义的，我们只需要选择对应的值即可：

typedef enum

{

GPIO_Mode_IN= 0x00,/*!<GPIOInputMode*/

GPIO_Mode_OUT= 0x01,/*!<GPIOOutputMode*/

GPIO_Mode_AF= 0x02,/*!<GPIOAlternatefunctionMode*/

GPIO_Mode_AN= 0x03/*!<GPIOAnalogMode*/

}GPIOMode_TypeDef;

GPIO_Mode_IN 用来设置复位状态的输入，GPIO_Mode_OUT 是通用输出模式，GPIO_Mode_AF 是复用功能模式，GPIO_Mode_AN 是模拟输入模式。

第三个参数 GPIO_Speed 是 IO 口输出速度设置，有四个可选值。实际上这就是配置的 GPIO 对应的 OSPEEDR 寄存器的值。在 MDK 中同样是通过枚举类型定义：

typedef enum

{

GPIO_Low_Speed=0x00,/*!<Lowspeed*/

GPIO_Medium_Speed=0x01,/*!<Mediumspeed*/

GPIO_Fast_Speed=0x02,/*!<Fastspeed*/

GPIO_High_Speed=0x03/*!<Highspeed*/

}GPIOSpeed_TypeDef;

/*Add legacy definition*/

define GPIO_Speed_2MHz   GPIO_Low_Speed

define GPIO_Speed_25MHz   GPIO_Medium_Speed

define GPIO_Speed_50MHz   GPIO_Fast_Speed

```
# define  GPIO_Speed_100MHz  GPIO_High_Speed
```

这里需要说明一下,实际我们的输入可以是 GPIOSpeed_TypeDef 枚举类型中 GPIO_High_Speed 枚举类型值,也可以是 GPIO_Speed_100MHz 这样的值,实际上 GPIO_Speed_100MHz 就是通过 define 宏定义标识符定义出来的,它跟 GPIO_High_Speed 是等同的。

第四个参数 GPIO_OType 是 GPIO 的输出类型设置,实际上是配置的 GPIO 的 OTYPER 寄存器的值。在 MDK 中同样是通过枚举类型定义:

```
typedef enum
{
GPIO_OType_PP=0x00,
GPIO_OType_OD=0x01
}GPIOOType_TypeDef;
```

如果需要设置为输出推挽模式,那么选择值为 GPIO_OType_PP,如果需要设置为输出开漏模式,那么设置值为 GPIO_OType_OD。

第五个参数 GPIO_PuPd 用来设置 I/O 口的上下拉,实际上就是设置 GPIO 的 PUPDR 寄存器的值。同样通过一个枚举类型列出:

```
typedef enum
{
GPIO_PuPd_NOPULL=0x00,
GPIO_PuPd_UP=0x01,
GPIO_PuPd_DOWN=0x02
}GPIOPuPd_TypeDef;
```

这三个值的意思很好理解,GPIO_PuPd_NOPULL 为不使用上下拉,GPIO_PuPd_UP 为上拉,GPIO_PuPd_DOWN 为下拉。我们根据需要设置相应的值即可。

这些入口参数的取值范围怎么定位,怎么快速定位到这些入口参数取值范围的枚举类型,在前述章节都有讲解,不明白的朋友可以翻回去看一下,这里我们就不重复讲解,在后面的实验中,也不再去重复讲解怎么定位每个参数的取值范围的方法。

(6)看完了 GPIO 的参数配置寄存器,接下来我们看看 GPIO 输入输出电平控制相关的寄存器。首先我们看 ODR 寄存器,该寄存器用于控制 GPIOx 的输出,该寄存器各位描述如图 8-14 所示。

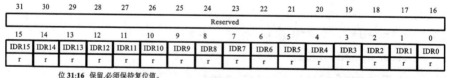

位 31:16 保留,必须保持复位值。
位15:0 IDRy[15:0]:端口输入数据(Port input date)(y=0~15) 位 31:16 保留,必须保持复位值。
这些位为只读形式,只能在字模式下访问。它们包含相应I/O端口的输入值。

图 8-14　GPIOx ODR 寄存器各位描述

该寄存器用于设置某个 I/O 输出低电平(ODRy＝0)还是高电平(ODRy＝1),该寄存器也仅在输出模式下有效,在输入模式(MODER[1:0]＝00/11 时)下不起作用。

在固件库中设置 ODR 寄存器的值来控制 I/O 口的输出状态是通过函数 GPIO_Write 来实现的:

```
void GPIO_Write(GPIO_TypeDef*GPIOx,uint16_t PortVal);
```
该函数一般用来往一次性一个 GPIO 的多个端口设值。

使用实例如下：
```
GPIO_Write(GPIOA,0x0000);
```
大部分情况下，设置 I/O 口都不用这个函数，后面会讲解我们常用的设置 I/O 口电平的函数。同时读 ODR 寄存器还可以读出 I/O 口的输出状态，库函数为：
```
uint16_t GPIO_ReadOutputData(GPIO_TypeDef*GPIOx);
```
```
uint8_t GPIO_ReadOutputDataBit(GPIO_TypeDef*GPIOx,uint16_tGPIO_Pin);
```
这两个函数功能类似，只不过前面是用来一次读取一组 I/O 口所有 I/O 口输出状态，后面的函数用来一次读取一组 I/O 口中一个或者几个 I/O 口的输出状态。

（7）接下来我们看看 IDR 寄存器，该寄存器用于读取 GPIOx 的输入，该寄存器各位描述如图 8-15 所示。

31	30	29	28	27	26	25	24	23	22	21	20	19	18	17	16
BR15	BR14	BR13	BR12	BR11	BR10	BR9	BR8	BR7	BR6	BR5	BR4	BR3	BR2	BR1	BR0
w	w	w	w	w	w	w	w	w	w	w	w	w	w	w	w

15	14	13	12	11	10	9	8	7	6	5	4	3	2	1	0
BS15	BS14	BS13	BS12	BS11	BS10	BS9	BS8	BS7	BS6	BS5	BS4	BS3	BS2	BS1	BS0
w	w	w	w	w	w	w	w	w	w	w	w	w	w	w	w

位 31:16 **BRy**:端口 x 复位位 y（Port reset bit y）(y=0~15)
这些位为只写形式，只能在字、半字或字节模式下访问。
读取这些位可返回值 0x0000。
0：不会对相应的 ODRx 位执行任何操作
1：对相应的 ODRx 位进行复位。
注意：如果同时对 BSx 和 BRx 置位，则 BSx 的优先级更高。

图 8-15　GPIOx IDR 寄存器各位描述

该寄存器用于读取某个 I/O 的电平，如果对应的位为 0(IDRy＝0)，则说明该 I/O 输入的是低电平，如果是 1(IDRy＝1)，则表示输入的是高电平。库函数中相关函数为：
```
uint8_t GPIO_ReadInputDataBit(GPIO_TypeDef*GPIOx,uint16_tGPIO_Pin);
```
```
uint16_t GPIO_ReadInputData(GPIO_TypeDef*GPIOx);
```
前面的函数是用来读取一组 I/O 口的一个或者几个 I/O 口的输入电平，后面的函数用来一次读取一组 I/O 口所有 I/O 口的输入电平。比如我们要读取 GPIOF.5 的输入电平，方法为：
```
GPIO_ReadInputDataBit(GPIOF,GPIO_Pin_5);
```
（8）接下来我们看看 32 位置位/复位寄存器(BSRR)，顾名思义，这个寄存器是用来置位或者复位 I/O 口，该寄存器和 ODR 寄存器具有类似的作用，都可以用来设置 GPIO 端口的输出位是 1 还是 0。该寄存器的描述如图 8-16 所示。

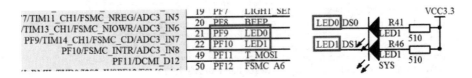

图 8-16　BSRR 寄存器各位描述

对于低 16 位(0~15)，我们往相应的位写 1，那么对应的 I/O 口会输出高电平，往相应的位写 0，对 I/O 口没有任何影响。高 16 位(16~31)作用刚好相反，往相应的位写 1 会输出低电平,写 0 没有任何影响。也就是说,对于 BSRR 寄存器,写 0 的话,对 I/O 口电平是没有任何影响的。我们要设置某个 I/O 口电平,只需要为相关位设置为 1 即可。而 ODR 寄存器,要设置某个 I/O 口电平,首先需要读出来 ODR 寄存器的值,然后对整个 ODR 寄存器重新赋值来达到设置某个或者某些 I/O 口的目的,而 BSRR 寄存器,我们就不需要先读,而是直接设置。BSRR 寄存器使用方法如下:

```
GPIOA->BSRR=1<<1;//设置 GPIOA.1 为高电平
GPIOA->BSRR=1<<(16+ 1)//设置 GPIOA.1 为低电平;
```

库函数中操作 BSRR 寄存器来设置 I/O 电平的函数为:

```
void GPIO_SetBits(GPIO_TypeDef* GPIOx,uint16_t GPIO_Pin);
void GPIO_ResetBits(GPIO_TypeDef* GPIOx,uint16_t GPIO_Pin);
```

函数 GPIO_SetBits 用来设置一组 I/O 口中的一个或者多个 I/O 口为高电平。GPIO_ResetBits 用来设置一组 I/O 口中一个或者多个 I/O 口为低电平。比如要设置 GPIOB.5 输出高电平,方法为:

```
GPIO_SetBits(GPIOB,GPIO_Pin_5);//GPIOB.5 输出高电平
```

设置 GPIOB.5 输出低电平,方法为:

```
GPIO_ResetBits(GPIOB,GPIO_Pin_5);//GPIOB.5 输出低电平
```

(9)最后我们来看看 2 个 32 位复用功能选择寄存器(AFRH 和 AFRL),这两个寄存器是用来设置 I/O 口的复用功能的。关于这两个寄存器的配置以及相关库函数的使用,在前面 GPIO 相关的函数我们先讲解到这里。虽然 I/O 操作步骤很简单,这里我们还是做个概括性的总结,操作步骤为:

①使能 I/O 口时钟。调用函数为

```
RCC_AHB1PeriphClockCmd()
```

②初始化 I/O 参数。调用函数为

```
GPIO_Init()
```

4.硬件设计

本章用到的硬件只有 LED(DS0 和 DS1)。其电路在 STM32F4 开发板上默认是已经连接好了的。DS0 接 PF9,DS1 接 PF10。所以在硬件上不需要做任何改动。其硬件设计代码如图 8-17 所示。

```
void led_init(void)
{
  GPIO_InitTypeDef  GPIO_InitStructure;

  RCC_AHB1PeriphClockCmd(RCC_AHB1Periph_GPIOF, ENABLE);//使能GPIOF时钟

  //GPIOF9,F10初始化设置
  GPIO_InitStructure.GPIO_Pin = GPIO_Pin_9 | GPIO_Pin_10;//LED0和LED1对应IO口
  GPIO_InitStructure.GPIO_Mode = GPIO_Mode_OUT;//普通输出模式
  GPIO_InitStructure.GPIO_OType = GPIO_OType_PP;//推挽输出
  GPIO_InitStructure.GPIO_Speed = GPIO_Speed_100MHz;//100MHz
  GPIO_InitStructure.GPIO_PuPd = GPIO_PuPd_UP;//上拉
  GPIO_Init(GPIOF, &GPIO_InitStructure);//初始化GPIO

  GPIO_SetBits(GPIOF,GPIO_Pin_9 | GPIO_Pin_10);//GPIOF9,F10设置高, 灯灭

}
```

图 8-17　硬件设计代码

5. 软件设计

(1)LED 初始化,也就是初始化 PF9 和 PF10 为输出口并使能这两个口的时钟,代码如图 8-18 所示。

```
#ifndef __LED_H
#define __LED_H
#include "sys.h"


//LED端口定义
#define LED0 PFout(9)      // DS0
#define LED1 PFout(10)     // DS1

void led_init(void);//初始化
#endif
```

图 8-18   软件设计代码

(2)PF9 和 PF10 的宏定义在 led.h 头文件中。

(3)主函数(delay_init(168)是延时函数,这个函数可直接用,其中 168 是 STM32F4 的时钟 168MHz)刚开始 LED0 亮,LED1 灭,延时 500ms,然后 LED0 灭,LED1 亮,循环。代码如图 8-19 所示。

```
int main(void)
{
  delay_init(168);         //初始化延时函数
  led_init();              //初始化LED端口
  while(1)
  {
    LED0=0;          //LED0亮
    LED1=1;          //LED1灭
    delay_ms(500);
    LED0=1;          //LED0灭
    LED1=0;          //LED1亮
    delay_ms(500);
  }
}
```

图 8-19   主函数代码

◆ 8.1.5 实验步骤

(1)新建工程,具体请参考第三部分新建一个 STM32 的 MDK 工程,这里再详细介绍一下工程目录 Project_01_Led ,这是第一个 LED 的实验,也就是本实验,打开后可以看到图 8-20 所示内容。

main.c 是主函数,readme 是包含一些提示信息的.txt 文件,打开 Obj 文件夹,如图 8-21 所示。

Project_led 这个文件就是工程文件,双击它就可以打开这个工程,DebugConfig 文件夹

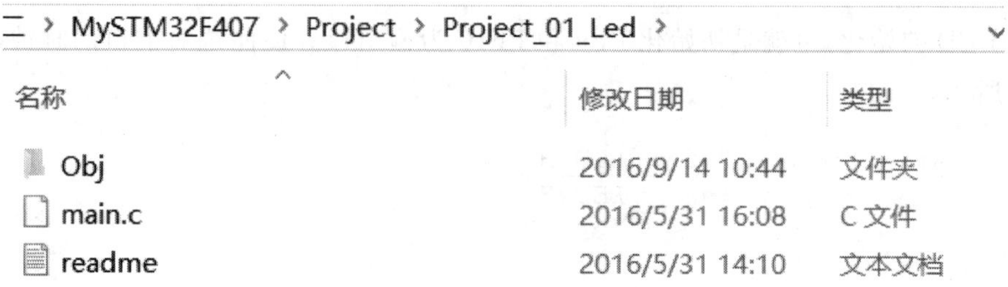

图 8-20　打开工程目录看到的内容

图 8-21　打开 Obj 文件夹

里是调试配置文件,这里先不管它,Listings 文件夹是连接文件夹。

Objects 文件夹里包含的是编译生成的一些文件,其中包括重要的下载文件. hex 文件。其他的文件都是自动生成的,可以不用理会。

至此,整个工程文件的排放顺序介绍完了,介绍这个就是想让大家更清楚地了解工程文件的大致结构,脑海中要有一个大致的印象。

(2)结合之前新建工程例子,接下来迈入正题,在 Hardware 下添加led. c,如图 8-22 所示。之后开始编写代码,编写完成后,开始编译  生成. Hex 文件。

(3)用一根 miniUSB 连接电脑和 STM32 的 USB-TTL 接口,打开电源开关(USB-TTL 上方的拨动开关),如图 8-23 所示。

(4)程序下载之前需连接好跳线,将 P20 的 UTX～U1RX、URX～U1TX,P18 的 PA11～CANR、PA12～CANT 分别用跳线帽短接,如图 8-24 所示。

(5)打开软件 FlyMcu ,按照图 8-25 所示设置,首先选择 Port 口(选择安装了 CH340 驱动的串口),bps 设置为 76800,接着选择相应 Objects 目录下的 led. hex 文件,最后进行烧写设置(图片下方),设置完毕后点击开始编程按钮。

图 8-22　在 Hardware 下添加 led. c

图 8-23　连接电脑和 STM32 的 USB-TTL 接口

图 8-24　连接好跳线

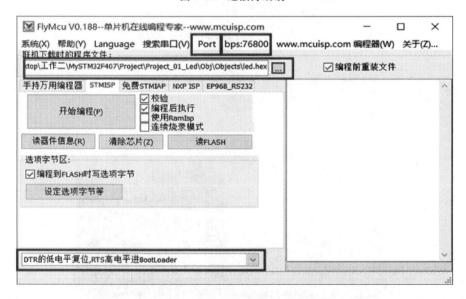

图 8-25　打开软件进行相应设置

◆ 8.1.6　实验现象

下载完毕后,按一下 S3 按键,我们可以看到 DS0 和 DS1 交替点亮,实现了跑马灯的效果,实验现象如图 8-26 所示。

◆ 8.1.7　实验要求

(1)完成实验报告。

(2)掌握 STM32F4 工程的建立步骤。

(3)掌握 STM32F4 的 GPIO 口作为输出使用的方法。

(4)独立编写代码,并调试。

图 8-26   实验现象

8.2   按键输入实验

◆   8.2.1   实验目的

(1)掌握按键检测原理。

(2)掌握控制 GPIO 作为输入使用。

◆   8.2.2   实验内容

(1)配置 STM32F4 的 GPIO。

(2)编写按键检测程序。

(3)编写按键控制 LED 的测试程序。

(4)下载验证。

◆   8.2.3   实验仪器

ZigBee 网关模块,其中用到了两个 LED(D11 和 D12),四个按键 S4、S5、S6、S7。

◆   8.2.4   实验原理

1. STM32F4 的 I/O 口简介

STM32F4 的 I/O 口在上一节已经有了比较详细的介绍,这里不再多说。STM32F4 的
I/O 口做输入使用的时候,是通过调用函数 GPIO_ReadInputDataBit()来读取 I/O 口的状态
的。了解了这点,就可以开始我们的代码编写了。

2. 硬件设计

D11 和 D12 在 STM32F4 上的连接在上一节都已经分别介绍了,在 STM32F4 开发板上的按键 KEY0 连接在 PE4 上、KEY1 连接在 PE3 上、KEY2 连接在 PE2 上、WK_UP 连接在 PA0 上,如图 8-27 所示。

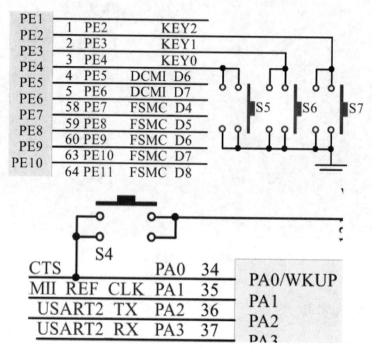

图 8-27 按键输入实验硬件设计

这里需要注意的是:KEY0、KEY1 和 KEY2 是低电平有效的,而 KEY_UP 是高电平有效的,并且外部都没有上下拉电阻,所以,需要在 STM32F4 内部设置上下拉电阻。

3. 软件设计

(1)KEY 按键初始化(LED 的初始化上一章已经介绍过,这里不在说明),按键 S5、S6、S7 是低电平有效的,所以设置为上拉,而 S4 是高电平有效,并且外部没有上下拉电阻,因此设置为下拉,代码如下所示:

```
void button_init(void)
{

    GPIO_InitTypeDef  GPIO_InitStructure;

    RCC_AHB1PeriphClockCmd(RCC_AHB1Periph_GPIOA|RCC_AHB1Periph_GPIOE,
ENABLE);

    GPIO_InitStructure.GPIO_Pin=GPIO_Pin_2 | GPIO_Pin_3 | GPIO_Pin_4 ; //
BUTTON1
    GPIO_InitStructure.GPIO_Mode=GPIO_Mode_IN;//普通输入模式
```

```
    GPIO_InitStructure GPIO_Speed=GPIO_Speed_100MHz;//100MHz
    GPIO_InitStructure.GPIO_PuPd=GPIO_PuPd_UP; //上拉
    GPIO_Init(GPIOE,&GPIO_InitStructure);//初始化 GPIOE2,3,4

    GPIO_InitStructure.GPIO_Pin=GPIO_Pin_0;//BUTTON0_WK 对应引脚 PA0
    GPIO_InitStructure.GPIO_PuPd=GPIO_PuPd_DOWN ;//下拉
    GPIO_Init (GPIOA,&GPIO_InitStructure); //初始化 GPIOA0
}
```

(2)初始化后,要对按键进行处理(按键扫描),下面所示的按键扫描函数大体思路是:当 mode 为 0 的时候,KEY_Scan 函数将不支持连续按,扫描某个按键,该按键按下之后必须要松开,才能第二次触发,否则不会再响应这个按键,这样的好处就是可以防止按一次多次触发,而坏处就是在需要长按的时候不合适。当 mode 为 1 的时候,KEY_Scan 函数将支持连续按,如果某个按键一直按下,则会一直返回这个按键的键值,这样可以方便地实现长按检测。有了 mode 这个参数,大家就可以根据自己的需要,选择不同的方式。这里要提醒大家,因为该函数里面有 static 变量,所以该函数不是一个可重入函数,在有 OS 的情况下,这个大家要留意下。同时还有一点要注意的就是,该函数的按键扫描是有优先级的,最优先的是 KEY0,第二优先的是 KEY1,接着是 KEY2,最后是 KEY3(KEY3 对应 KEY_UP 按键)。该函数有返回值,如果有按键按下,则返回非 0 值,如果没有或者按键不正确,则返回 0。

```
u8 button_scan (u8 mode)
{
    static u8 key_up=1;//按键松开标志
    if (mode) key_up=1; //支持连按
    if (key_up&&(BUTTON1==0||BUTTON2==0||BUTTON3= = 0||BUTTON0_WK==1))
{
    delay_ms(10);//去抖动
    key_up=0;
    if (BUTTON1==0) return 1;
    else if (BUTTON2==0) return 2;
    else if (BUTTON3==0) return 3;
    else if (BUTTON0_WK==1) return 4;
}else if (BUTTON1==1&&BUTTON2==1&&BUTTON3==1&&BUTTON0_WK==0) key_up
=1;
    return 0;//无按键按下
}
```

(3)再看看 button.h 里的一些宏定义,如下所示:

```
/*下面的方式是通过直接操作库函数方式读取 I/O*/
#define BUTTON0_WK       GPIO_ReadlnputDataBit(GPIOA, GPIO_Pin_0) //PA0
#define BUTTON1          GPIO_ReadlnputDataBit (GPIOE, GPIO_Pin_2) //PE2
#define BUTTON2          GPIO_ReadlnputDataBit(GPIOE,GPIO_Pin_3) //PE3
```

```
#define BUTTON3         GPIO_ReadInputDataBit (GPIOE, GPIO_Pin_4) //PE4

/*下面方式是通过位带操作方式读取 I/O*/
}/*
#define BUTTON0_WK    PAin(0)   //PA0
#define BUTTON1       PEin(2)   //PE2
#define BUTTON2       PEin(3)   //PE3
#define BUTTON3       PEin(4)   //PE4

.*/
#define BUTTON1_PRES   1
#define BUTTON2_PRES   2
#define BUTTON3_PRES   3
#define BUTTON0_WK_PRES   4

void button_init(void);//I/O初始化
u8 button_scan (u8);//按键扫描函数
```

（4）主函数的功能就是定义一个变量 button，通过按键扫描 button_scan 函数得到键值，然后测试功能：按下 BUTTON1，选择 LED1(D12)；按下 BUTTON3，选择 LED2(D11)；按下 BUTTON2，闪烁频率下降；按下 BUTTON0_WK，闪烁频率提高。主函数部分代码如下：

```
while(1)
{
  button= button_scan(0) ;     //得到键值
    if(button)
  {
      switch(button)
      {
        case BUTTON0_WK_PRES://闪烁频率提高
          if(n>100)n-=100;
          break;
        case BUTTON1_PRES: //控制 LED0
          wh=0;
          break;
        case BUTTON2_PRES: //闪烁频率下降
          if(n< 5000)n+=100;
          break;
        case BUTTON3_PRES: //控制 LED1
          wh=1;
```

```
            break;
        }
    }
    if(++i>n)
    {
        i=0;
        if (wh==1) LED0=！LED0;
        else LED1=！LED1;
    }
```

◆ 8.2.5 实验步骤

(1)打开 MySTM32F407/Project/Project_02_Button 工程编译,生成 button.hex,具体操作参考前述实验,这里不再赘述。

(2)硬件连接:用一根 miniUSB 连接电脑和 STM32 的 USB-TTL 接口,打开电源开关(USB-TTL 上方的拨动开关)。

(3)程序下载之前需检查跳线连接,将 P20 的 UTX ~ U1RX、URX ~ U1TX,P18 的 PA11 ~ CANR、PA12 ~ CANT 分别用跳线帽短接。

(4)接下来将 FlyMcu 按照如下所示设置,首先选择 Port 口(选择安装了 CH340 驱动的串口),bps 设置为 76800,接着选择相应 Objects 目录下的 led.hex 文件,最后进行烧写设置,设置完毕后点击开始编程按钮,右侧空白区域出现图 8-28 所示信息,表示下载成功。

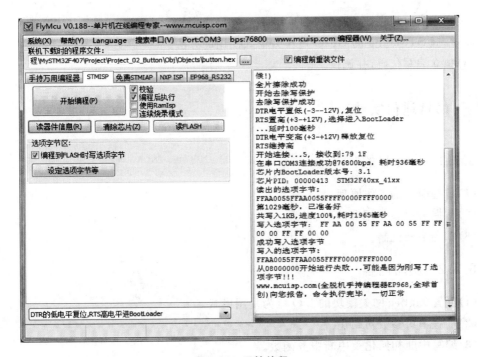

图 8-28 开始编程

◆ 8.2.6 实验现象

按下 BUTTON1(S7),LED1(D12)闪烁,按下 BUTTON3(S5),LED2(D11)闪烁,按下 BUTTON2(S6),闪烁频率下降,按下 BUTTON0_WK(S6),闪烁频率提高,如图 8-29 所示。

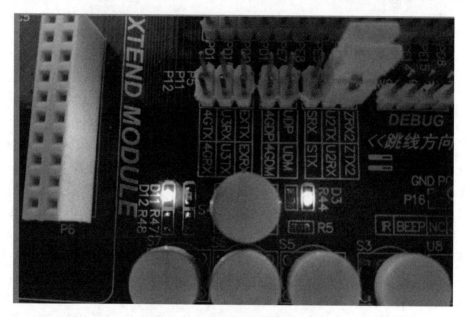

图 8-29 按键输入实验的实验现象

◆ 8.2.7 实验要求

(1)完成实验报告。

(2)掌握 STM32F4 的 GPIO 口作为输入使用的方法。

(3)独立编写代码,并调试。

8.3 串口通信实验

◆ 8.3.1 实验目的

(1)掌握串口的工作原理。

(2)掌握 I/O 口复用和映射。

(3)掌握中断机制。

◆ 8.3.2 实验内容

(1)配置 ZigBee 网关模块的 I/O 口为复用模式。

(2)配置串口参数初始化。

(3)编写中断初始化及中断服务函数。

(4)编写串口 1 测试程序。

(5)下载验证。

◆ 8.3.3　实验仪器

ZigBee 网关模块,其中用到了串口 1,一个 LED0(D11)作为程序正在运行的指示灯。

◆ 8.3.4　实验原理

1. 通信接口背景知识介绍

处理器与外部设备通信有两种方式:并行通信和串口通信。

并行通信,传输原理为数据各个位同时传输;优点是速度快;但缺点是占用引脚资源多。

串行通信,传输原理是数据按位顺序传输;优点是占用引脚资源少;但缺点是速度相对较慢。

串行通信按照数据传送方向,分为下面几种:

(1)单工:数据传输只支持数据在一个方向上传输。

(2)半双工:允许数据在两个方向上传输,但是,在某一时刻,只允许数据在一个方向上传输,它实际上是一种切换方向的单工通信。

(3)全双工:允许数据同时在两个方向上传输,因此,全双工通信是两个单工通信方式的结合,它要求发送设备和接收设备都有独立的接收和发送能力。

串行通信的三种传送方式如图 8-30 所示。

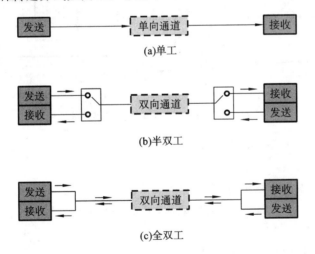

图 8-30　串行通信的三种传送方式

串行通信的通信方式又可分为:

(1)同步通信:带时钟同步信号传输,例如,SPI、IIC 通信接口。

(2)异步通信:不带时钟同步信号,例如,UART(通用异步收发器)、单总线通信。

几种常见的串行通信接口如表 8-1 所示。

表 8-1　几种常见的串行通信接口

通信标准	引脚说明	通信方式	通信方向
UART (通用异步收发器)	TXD:发送端 RXD:接收端 GND:公共地	异步通信	全双工

续表

通信标准	引脚说明	通信方式	通信方向
单总线 (1-wire)	DQ:发送/接收端	异步通信	半双工
SPI	SCK:同步时钟 MISO:主机输入,从机输出 MOSI:主机输出,从机输入	同步通信	全双工
I2C	SCL:同步时钟 SDA:数据输入/输出端	同步通信	半双工

2. STM32F4 串口介绍

STM32F4 的串口通信接口有两种:UART(通用异步收发器)和 USART(通用同步异步收发器)。STM32F4XX 目前最多支持 8 个 UART,STM32F407 一般是 6 个。具体可以对照选型手册和数据手册来看。

UART 异步通信方式引脚连接方法如图 8-31 所示。

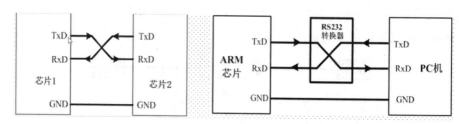

* RxD:数据输入引脚,数据接收。　　　　　* TxD:数据发送引脚,数据发送。

图 8-31　UART 异步通信方式引脚连接方法

UART 异步通信方式特点如下:

(1)全双工异步通信。

(2)小数波特率发生器系统,提供精确的波特率。

(3)可配置的 16 倍过采样或 8 倍过采样,因而为速度容差与时钟容差的灵活配置提供了可能。

(4)可编程的数据字长度(8 位或者 9 位)。

(5)可配置的停止位(支持 1 或者 2 位停止位)。

(6)可配置的使用 DMA 多缓冲器通信。

(7)单独的发送器和接收器使能位。

(8)检测标志:①接收缓冲器;②发送缓冲器;③传输结束标志。

(9)多个带标志的中断源,触发中断。

(10)其他:校验控制,四个错误检测标志。

STM32 串口通信过程如图 8-32 所示。

STM32 串口异步通信需要定义的参数,如图 8-33 所示:

(1)起始位;

(2)数据位(8 位或者 9 位);

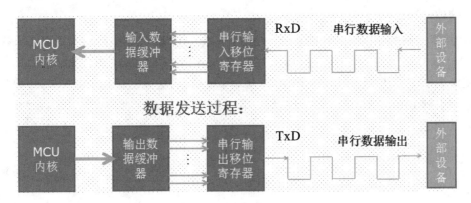

图 8-32　STM32 串口通信过程

(3)奇偶校验位(第 9 位);

(4)停止位(第 1、15、2 位);

(5)波特率设置。

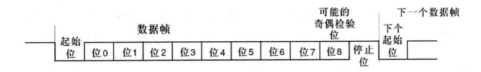

图 8-33　STM32 串口异步通信需要定义的参数

串口的状态可以通过状态寄存器 USART_SR 读取。USART_SR 的各位描述如图8-34所示。

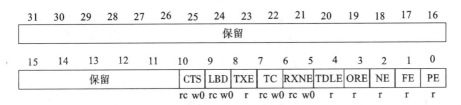

图 8-34　USART_SR 寄存器各位描述

这里我们关注一下两个位,第 5、6 位 RXNE 和 TC。

RXNE(读数据寄存器非空),当该位被置 1 的时候,就是提示已经有数据被接收到了,并且可以读出来了。这时候我们要做的就是尽快去读取 USART_DR,通过读 USART_DR 可以将该位清零,也可以向该位写 0,直接清除。TC(发送完成),当该位被置位的时候,表示 USART_DR 内的数据已经被发送完成了。如果设置了这个位的中断,则会产生中断。该位也有两种清零方式:①读 USART_SR,写 USART_DR;②直接向该位写 0。状态寄存器的其他位这里就不做过多讲解,大家需要可以查看中文参考手册。

3. 硬件设计

本实验需要用到的硬件资源有:指示灯 LED0(D11),串口 1。

本实验用到的串口 1,需要用跳线帽把 P20 的 UTX 和 U1RX,URX 和 U1TX 相连(默认的就是这种接法),其实前面的实验已经帮你接好了(因为要通过 USB 串口下载程序)。

4. 软件设计

(1)串口时钟和 GPIO 时钟使能。串口是挂载在 APB2 下面的外设，所以使能函数为：

RCC_APB2PeriphClockCmd(RCC_APB2Periph_USART1,ENABLE);

使能 USART1 时钟 GPIO 时钟使能，就非常简单，因为我们使用的是串口 1，串口 1 对应着芯片引脚 PA9、PA10，所以这里我们只需要使能 GPIOA 时钟即可：

RCC_AHB1PeriphClockCmd(RCC_AHB1Periph_GPIOA,ENABLE);//使能 GPIOA 时钟

(2)引脚复用器映射配置方法，调用函数为：

GPIO_PinAFConfig(GPIOA,GPIO_PinSource9,GPIO_AF_USART1);//PA9 复用为 USART1

GPIO_PinAFConfig(GPIOA,GPIO_PinSource10,GPIO_AF_USART1);//PA10 复用为 USART1

因为串口使用到 PA9、PA10，所以我们要把 PA9 和 PA10 都映射到串口 1。因此这里要调用两次函数。对于 GPIO_PinAFConfig 函数的第一个和第二个参数很好理解，就是设置对应的 I/O 口，如果是 PA9 那么第一个参数是 GPIOA，第二个参数就是 GPIO_PinSource9。第二个参数，我们不需要去记忆，只需要根据前述讲解的快速组织代码技巧，去相应的配置文件里找到外设对应的 AF 配置宏定义标识符即可，串口 1 为 GPIO_AF_USART1。

(3)GPIO 端口模式设置：PA9 和 PA10 要设置为复用功能。

GPIO_InitStructure.GPIO_Pin=GPIO_Pin_9|GPIO_Pin_10;//GPIOA9 与 GPIOA10

GPIO_InitStructure.GPIO_Mode=GPIO_Mode_AF;//复用功能

GPIO_InitStructure.GPIO_Speed=GPIO_Speed_50MHz;//速度 50MHz

GPIO_InitStructure.GPIO_OType=GPIO_OType_PP;//推挽复用输出

GPIO_InitStructure.GPIO_PuPd=GPIO_PuPd_UP;//上拉

GPIO_Init(GPIOA,&GPIO_InitStructure);//初始化 PA9,PA10

(4)串口参数初始化：设置波特率、字长、奇偶校验等参数，调用函数 USART_Init 来实现，具体设置方法如下：

USART_InitStructure.USART_BaudRate=bound;//一般设置为 9600;

USART_InitStructure.USART_WordLength=USART_WordLength_8b;//字长为 8 位数据格式

USART_InitStructure.USART_StopBits=USART_StopBits_1;//一个停止位

USART_InitStructure.USART_Parity=USART_Parity_No;//无奇偶校验位

USART_InitStructure.USART_HardwareFlowControl=USART_HardwareFlowControl_None;

USART_InitStructure.USART_Mode=USART_Mode_Rx|USART_Mode_Tx;//收发模式

USART_Init(USART1,&USART_InitStructure);//初始化串口

(5)使能串口：调用函数 USART_Cmd 来实现，具体使能串口 1 方法如下：

USART_Cmd(USART1,ENABLE);//使能串口 1

(6)串口数据发送与接收:STM32F4 的发送与接收是通过数据寄存器 USART_DR 来实现的,这是一个双寄存器,包含了 TDR 和 RDR。当向该寄存器写数据的时候,串口就会自动发送,当收到数据的时候,也是存在该寄存器内。

STM32 库函数操作 USART_DR 寄存器发送数据的函数是:

void USART_SendData(USART_TypeDef* USARTx,uint16_t Data);//通过该函数向串口寄存器 USART_DR 写入一个数据

STM32 库函数操作 USART_DR 寄存器读取串口接收到的数据的函数是:

uint16_t USART_ReceiveData(USART_TypeDef* USARTx);//通过该函数可以读取串口接收到的数据

(7)I/O 口初始化函数如下,这里注意 GPIO 为复用功能,PA9、PA10 映射到 USART1 和 USART2 上。

```
GPIO_InitTypeDef GPIO_InitStructure;
GPIO_InitStructure.GPIO_Mode =GPIO_Mode_AF;//复用功能
GPIO_InitStructure.GPIO_Speed =GPIO_Speed_50MHz; //速度 50MHz
GPIO_InitStructure.GPIO_OType =GPIO_OType_PP; //推挽复用输出
GPIO_InitStructure.GPIO_PuPd =GPIO_PuPd_UP; //上拉

if (COMx==111 COMx==2)
 {
   RCC_AHBlPeriphClockCmd(RCC_AHBlPeriph_GPTOA , ENABLE) ;//使能 GPIOA 时钟
    if {COMx==1) {
      RCC_APB2PeriphClockCmd(RCC_APB2Periph_USARTl, ENABLE);
      GPIO_PinAFConfig(GPIOA,GPIO_PinSource9,GPIO_AF_USART1) ; //GPIOA9
复用为 USA
       GPIO_PinAFConfig (GPIOA, GPIO_PinSource10, GPIO_AF_USARTl) ; //
GPIOA10 复用为 U。
      GPIO_InitStructure.GPIO_Pin=GPIO_Pin_9 |GPIO_Pin_10;
    }
    else {
      RCC_APBlPeriphClOCkCmd{RCC_APBlPeriph_USART2, ENABLE);
       GPIO_PinAFConfig (GPIOA, GPIO_PinSource2, GPIO_AF_USART2);
//GPIOA2复用为 USA
       GPIO_PinAFConfig (GPIOA, GPIO_PinSource3, GPIO_Af_USART2);
//GPIOA3复用为 USA
      GPIO_InitStructure.GPIO_Pin=GPIa_Pin_2 |GPIO_Pin_3;
    }
      GPIO_Init(GPIOA, &GPIO InitStructure);
```

串口参数初始化函数如下:

```
void usart_config (USART TypeDef*USARTx,u32 band)
{
  USART_InitTypeDef USART_InitStructure;

  USART_InitStructure.USART_BaudRate =band;          //速率 115200bps
  USART_InitStructure. USART_WordLength = USART_WordLength_8b ;
//数据位 8 位
  USART_InitStructure.USART_StopBits =USART_StopBits_1;      //停止位
1 位
  USART_InitStructure.USART_Parity =USART_Parity_No;      //无校验位
  USART_InitStructure.USART_HardwareFlowControl=USART_HardwareFlowContro l_
None ;
  USART_InitStructure.USART_Mode = USART_Mode_Rx | USART_Mode_Tx;
//收发模式

  /*  Configure USARTx * /
  USART_Init(USARTx, &USART_InitStructure);        //配置串口参数函数
  /*  Enable USARTx Receive and Transmit interrupts * /
  USART_ITConfig(USARTx, USART_IT_RXNE, ENABLE);    //使能接收中断
  // USART_ITConfig(USART2, USART_IT_TXE, ENABLE);    //使能发送缓冲空中断
  /*  Enable the USARTx * /
  USART_Cmd(USARTx, ENABLE);
}
```

(8)开启中断并且初始化 NVIC,使能相应中断,这一步如果我们要开启串口中断才需要配置 NVIC 中断优先级分组。通过调用函数 NVIC_Init 来设置。同时,我们还需要使能相应中断,使能串口中断的函数是:

void USART _ ITConfig (USART _ TypeDef * USARTx, uint16 _ t USART _ IT, FunctionalState NewState)

这个函数的第二个入口参数是标示使能串口的类型,也就是使能哪种中断,因为串口的中断类型有很多种。比如在接收到数据的时候(RXNE 读数据寄存器非空),我们要产生中断,开启中断的方法如下:

USART_ITConfig(USART1,USART_IT_RXNE,ENABLE);//开启中断,接收到数据中断

我们在发送数据结束的时候(TC,发送完成)要产生中断,那么方法是:

USART_ITConfig(USART1,USART_IT_TC,ENABLE);

这里还要特别提醒,因为我们实验开启了串口中断,所以在系统初始化的时候需要先设置系统的中断优先级分组,这是在 main 函数开头设置的,代码如下:

NVIC_PriorityGroupConfig(NVIC_PriorityGroup_2);//设置系统中断优先级分组 2,我们设置分组为 0,也就是 0 位抢占优先级,0 位响应优先级

NVIC_InitTypeDef NVIC_InitStructure;

```
NVIC_PriorityGroupConfig (NVIC_PriorityGroup_2); //设置 NVIO 中断分组
```
2:2 位抢占优先级

```
    //Usartl NVIC 配置 ----外部串口,485, usb 下载串口
    NVIC_InitStructure.NVIC_IRQChannel= USART1_IRQn;
    NVIC_InitStructure.NVIC_IRQChannelPreemptionPriority= 0 ;//抢占优先
```
级 0~3

```
    NVIC_InitStructure.NVIC_IRQChannelSubPriority = 0;     //子优先级 0~3
    NVIC_InitStructure.NVIC_IRQChannelCmd = ENABLE;     //IRQ 通道使能
    NVIC_Init (&NVIC_InitStructure);//根据指定的参数初始化 NVIC 寄存器
```
（9）获取相应中断状态,当我们使能了某个中断的时候,当该中断发生了,就会设置状态
寄存器中的某个标志位。我们在中断处理函数中,经常要判断该中断是哪种中断,使用的函
数是:

```
    ITStatusUSART_GetITStatus(USART_TypeDef*USARTx,uint16_t USART_IT);
```
比如我们使能了串口发送完成中断,那么当中断发生了,我们便可以在中断处理函数中
调用这个函数来判断是否为串口发送完成中断,方法是:

```
    USART_GetITStatus(USART1,USART_IT_TC);//返回值是 SET,说明是串口发送完成中
```
断发生

串口 1 中断服务函数为:

```
    void USART1_IRQHandler(void);//当发生中断的时候,程序就会执行中断服务函数
```
我们在中断服务函数中编写相应的逻辑代码即可。中断服务函数如下:

```
    oid USART1_IRQHandler(void)             //串口 1 中断服务程序
      u8 Res;
      if {USART_GetITStatus (USART1, USART_IT_RXNE) !=RESET) //接收中断
      {
        Res=USART_ReceiveData (USART1) ;// (USART1->DR);     //读取接收到的
数据
        if ( (USART1_RX_STA&0x8000)=0)//接收未完成
        {
          if {USART1_RX_STA&0x4000)//接收到了 0x0d
          {
            if (Res!=0x0a) USART1_RX_STA=0 ;//接收错误,重新开始
            else USART1_RX_STA |=0x8000 ; //接收完成了
          }
          else//还没收到 0x0D
          {
            if {Res=0x0d) USART1_RX_STA | =0x4000;
            else
            {
```

```
                USART1_RX_BUF[USART1_RX_STA&OX3FFF]=Res ;
                USART1_RX_STA++;
                if (USART1_RX_STA> (USART_REC_LEW- 1) ) USART1_RX_STA=0 ;
```
//接收数据错误,重新开始
```
            }
        }
    }
```

(10)主函数的功能就是编写一个串口和上位机收发测试程序,代码如下:
```
int main{void)
{
  system_init ();
  usart_config(USART1,115200);
  usart_config(USART2, 9600);
  usart_config(USART3,115200);
  usart_config(USART4,115200);
  usart_config(USART5,115200);
  usart_config(USART6, 115200);

  LED0= 0;            //先点亮一个灯
  while(1)
  {
    usart_printf(USART1," \r\ nInput something by end of ENTER!");
    if(USART1_RX_STA &0x8000)
  {
      usart_printf(USART1,"\r\nFrom Usart1:");
      usart_printf_len(USART1,USART1_RX_BUF,USART1_RX_STA &OX3FFF);
      USART1_RX_STA=0 ;
  }
  delay_ms(1000);
  LED0=! LED0;
  }
```

◆ **8.3.5 实验步骤**

(1)打开 MySTM32F407/Project/Project_03_Uart 工程编译,生成 usart.hex,具体操作参考前述实验,这里不再赘述。

(2)硬件连接:用一根 miniUSB 连接电脑和 STM32 的 USB-TTL 接口,打开电源开关(USB-TTL 上方的拨动开关)。

(3)程序下载之前需检查跳线连接,将 P20 的 UTX～U1RX、URX～U1TX,P18 的 PA11～CANR、PA12～CANT 分别用跳线帽短接。

(4)接下来将 Flymuc 按照如下所示设置,首先选择 Port 口(选择安装了 CH340 驱动的串口),bps 设置为 76800,接着选择相应 Objects 目录下的 led. hex 文件,最后进行烧写设置,设置完毕后点击开始编程按钮,右侧空白区域出现图 8-28 所示信息,表示下载成功。

◆ **8.3.6 实验现象**

打开串口调试助手,可参考图 8-35 进行设置,这时接收端会不断地跳出 Input something by end of ENTER,我们再随意填写字符,点击发送,接收来自串口的信息,如图 8-36 所示。

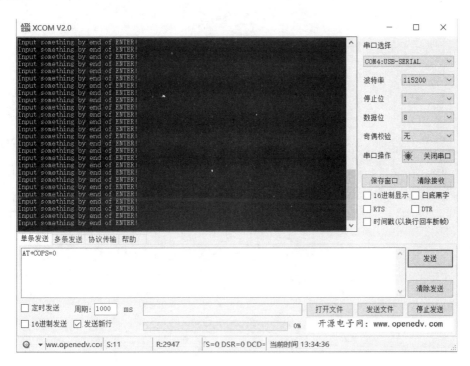

图 3-35　参考设置

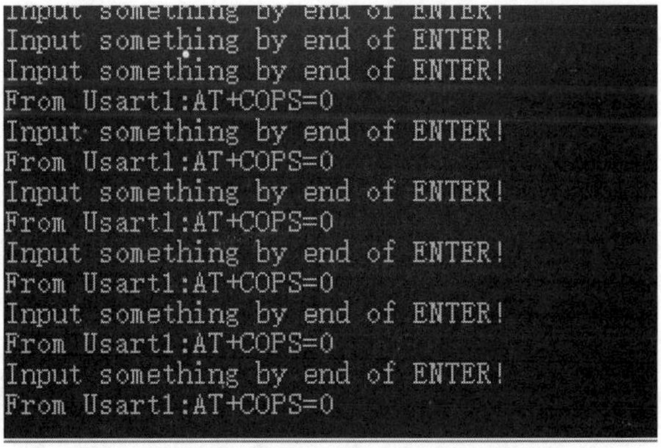

图 8-36　接收来自串口的信息

◆ 8.3.7 实验要求

(1)完成实验报告。

(2)掌握 STM32F4 的串口发送原理。

(3)独立编写代码,并调试。